Bezugsbedingungen:

Preis des Heftes 1 bis 112 je 1 Mk,
zu beziehen durch Julius Springer, Berlin W. 9, Linkstr. 23/24;
für Lehrer und Schüler technischer Schulen 50 Pfg,
zu beziehen gegen Voreinsendung des Betrages vom Verein deutscher Ingenieure, Berlin N.W. 7, Charlottenstraße 43.

Von Heft 113 an sind die Preise entsprechend auf 2 ℳ und 1 ℳ erhöht.

Eine Zusammenstellung des Inhaltes der Hefte 1 bis 124 der Mitteilungen über Forschungsarbeiten zugleich mit einem Namen- und Sachverzeichnis wird auf Wunsch kostenfrei von der Redaktion der Zeitschrift des Vereines deutscher Ingenieure, Berlin N.W., Charlottenstr. 43, abgegeben.

Heft 125: **Wild**, Die Ursache der zusätzlichen Eisenverluste in umlaufenden glatten Ringankern. Beitrag zur Frage der drehenden Hysterese.

Heft 126: **Preuß**, Versuche über die Spannungsverminderung durch die Ausrundung scharfer Ecken.
Preuß, Versuche über die Spannungsverteilung in Kranhaken.
Preuß, Versuche über die Spannungsverteilung in gelochten Zugstäben.

Heft 127 und 128: **Schöttler**, Biegungsversuche mit gußeisernen Stäben.

Heft 129: **Gramberg**, Wirkungsweise u. Berechnung der Windkessel von Kolbenpumpen.

Heft 130: **Gröber**, Der Wärmeübergang von strömender Luft an Rohrwandungen.
Poensgen, Ein technisches Verfahren zur Ermittlung der Wärmeleitfähigkeit plattenförmiger Stoffe.

Heft 131: **Blasius**, Das Aehnlichkeitsgesetz bei Reibungsvorgängen in Flüssigkeiten.
Baumann, Versuche über die Elastizität und Festigkeit von Bambus, Akazien-, Eschen- und Hikoryholz.

Heft 132: **Kammerer**, Versuche mit Riemen besonderer Art.

Heft 133: **Häußer**, Neue Versuche über die Stickstoffverbrennung in explodierenden Gasgemischen.
Plank, Betrachtungen über dynamische Zugbeanspruchung.
Plank, Das Verhalten des Querkontraktionskoeffizienten des Eisens bis zu sehr großen Dehnungen.

Heft 134: **Holm**, Untersuchungen über magnetische Hysteresis.
Watzinger und **Nissen**, Versuche über die Druckänderungen in der Rohrleitung einer Francis-Turbinenanlage bei Belastungsänderungen.
Preuß, Versuche über die Spannungsverteilung in gekerbten Zugstäben.

Heft 135 und 136: **Baumann**, 30 Kesselbleche mit Rißbildung.

Heft 137: **Riehm**, Ueber die experimentelle Bestimmung des Ungleichförmigkeitsgrades.
Wieselsberger, Ueber die statische Längsstabilität der Drachenflugzeuge.

Heft 138: **Hoefer**, Untersuchungen über die Strömungsvorgänge im Steigrohr eines Druckluft-Wasserhebers.
Szitnick, Untersuchungen an einer 10 t-Meßdose.

Literarische Unternehmungen d. Vereines deutscher Ingenieure:

ZEITSCHRIFT
DES
VEREINES DEUTSCHER INGENIEURE.

Redakteur: D. Meyer.
Berlin N.W., Charlottenstraße 43
Geschäftsstunden 9 bis 4 Uhr.
Expedition und Kommissionsverlag: Julius Springer, Berlin W., Linkstr. 23/24.

Die Zeitschrift des Vereines deutscher Ingenieure erscheint wöchentlich Sonnabends. Je einmal im Monat liegt ihr die Zeitschrift „Technik und Wirtschaft" bei. Preis bei Bezug durch Buchhandel und Post 40 ℳ jährlich; einzelne Nummern werden gegen Einsendung von je 1.30 ℳ — nach dem Ausland von je 1.60 ℳ — portofrei geliefert.

Den Einsendern von Ziffer-Anzeigen wird für Annahme und freie Zusendung einlaufender Angebote mindestens 1 ℳ berechnet.

Schluß der Anzeigen-Annahme: Montag Vorm.; für Stellengesuche: Montag Abend 7 Uhr.

TECHNIK UND WIRTSCHAFT.
MONATSCHRIFT DES VEREINES DEUTSCHER INGENIEURE.
REDAKTEUR D. MEYER.
IN KOMMISSION BEI JULIUS SPRINGER BERLIN.

Die »Technik und Wirtschaft« liegt der ganzen Auflage der Zeitschrift des Vereines deutscher Ingenieure (Preis des Jahrgangs 40 ℳ) allmonatlich bei. Sie ist außerdem für 8 ℳ für den Jahrgang durch alle Buchhandlungen und Postanstalten sowie durch die Verlagsbuchhandlung von Julius Springer zu beziehen.

Mitteilungen
über
Forschungsarbeiten

auf dem Gebiete des Ingenieurwesens

insbesondere aus den Laboratorien
der technischen Hochschulen

herausgegeben vom

Verein deutscher Ingenieure.

Heft 139.

Springer-Verlag Berlin Heidelberg GmbH

ISBN 978-3-662-01958-0   ISBN 978-3-662-02254-2 (eBook)
DOI 10.1007/978-3-662-02254-2

Inhalt.

Seite
Beiträge zur Berechnung der Zentripetal-(Francis)-Turbinen. Von Dr. Camerer 1

Beiträge zur Berechnung der Zentripetal-(Francis)-Turbinen
auf Grund von Bremsergebnissen der Versuchstation von Briegleb, Hansen & Co. in Gotha.

Von Prof. Dr. **Camerer** in München.

I Grundlegende Erwägungen über den Arbeitsvorgang in der Turbine.

Bevor an die Bestimmung der Rechnungsgrößen herangetreten wird, möge die Wirkungsweise des Wassers in der Turbine und die Meßbarkeit der in Frage kommenden Größen ins Auge gefaßt werden.

Die Strömung beim Durchgang des Wassers durch die Turbine ist niemals wirbelfrei; auch dann nicht, wenn wir die Gefäßwände nach Formen bilden, unter deren Voraussetzung wir nach unseren mathematischen Kenntnissen in der Lage wären, wirbelfreie Strömungen zu berechnen. Dazu liegen die technisch vorkommenden Strömungen stets oberhalb der »kritischen Geschwindigkeit«. Somit wälzt sich das Wasser auf alle Fälle in wirbelnden Wogen durch die ihm dargebotenen Querschnitte.

Immerhin wird jedes Wasserteilchen nach seinem Durchgang durch die Turbine einen gewissen Weg zurückgelegt haben, den wir als Wasserweg bezeichnen, aber dieser Weg wird für jedes später an derselben Stelle eintretende Teilchen anders sein: erstens infolge der erwähnten Wasserwirbel und zweitens infolge der endlichen Schaufelzahlen von Lauf- und Leitrad.

Die Rechnungsdurchführung verlangt nun als erste und wichtigste Annahme den Beharrungszustand, und zwar nach Ort und Zeit. Wie weit wir uns damit von der Wirklichkeit entfernen, ist kaum anzugeben; daß es aber im allgemeinen verhältnismäßig nicht viel sein kann, zeigt die oft recht gute Uebereinstimmung der Rechnung mit dem Versuch.

Die Hauptgleichung der Turbinentheorie gilt zunächst auch nur für den Beharrungszustand. Sie wird sehr einfach und besonders klar, wenn wir sie auf das Wasserelement beziehen.

Der Weg des beobachteten Elementes zerfällt dann in drei scharf unterschiedene Abschnitte. Der erste reicht vom Oberwasser bezw. vom Eintritt in die Turbine bis zum Eintritt ins Laufrad, der dritte vom Austritt aus dem Laufrade bis zum Unterwasser. Diese beiden verlaufen in ruhenden Gefäßen und sind dadurch gekennzeichnet, daß keine Abgabe mechanischer Arbeit nach außen erfolgt. Letztere findet im mittleren Abschnitt des Wasserweges, im bewegten Laufrade, statt. Damit sind auch die Ein- und Austrittspunkte für das Laufrad durch Beginn und Ende der mechanischen Arbeitsabgabe bestimmt.

Die Arbeitsabgabe im Laufrad kann aus dem Flächensatz berechnet werden, wenn man bedenkt, daß die zeitliche Aenderung des Dralls eines Massenelementes ddM eines Wasserfadens im Laufrad $= \frac{d(ddMc_u r)}{dt}$ im Gleichgewicht gehalten wird durch das durch die Schaufeln auf die Achse übertragene Torsionsmoment $= d(dT)$, das negativ einzuführen ist, sowie durch das von der Schwerkraft um die Achse ausgeübte Moment $= ddG \cdot l$.

Dabei ist nach den einheitlichen Bezeichnungen[1]) M die Masse, c_u die Umfangskomponente der absoluten Geschwindigkeit, r der Halbmesser, t die Zeit, G das Wassergewicht, am Hebelarm l angreifend.

Der letztere wird gleich null, wenn die Achse senkrecht gerichtet ist, und fällt auch in anderen Fällen aus der Rechnung heraus, wenn das Laufrad voll oder auch nur symmetrisch beaufschlagt wird. Dies trifft aber für die hier betrachteten Zentripetalturbinen durchweg zu, so daß wir schreiben:

$$d(dT) = - \frac{d(ddMc_u r)}{dt}.$$

Durch Einführung der in einem Wasserfaden sekundlich bewegten Wassermenge dQ, wonach

$$ddM = \frac{dQ\gamma}{g} dt,$$

ergibt sich das Torsionsmoment für einen Wasserfaden:

$$dT = \frac{dQ\gamma}{g}(c_{u1} r_1 - c_{u2} r_2),$$

wenn mit 1 der Eintritt in das Laufrad, mit 2 der Austritt bezeichnet wird.

Für die Gesamtheit der Wasserfäden, d. h. für die ganze Turbine, wird später

$$T = \frac{Q\gamma}{g}(c_{u1} r_1 - c_{u2} r_2),$$

wobei aber beachtet werden muß, daß c_{u1}, r_1, c_{u2} und r_2 dann nur noch Mittelwerte der über den Ein- und Austritt wechselnden Größen darstellen können.

Durch Multiplikation mit der Winkelgeschwindigkeit ω folgt die Nutzarbeit eines Wasserfadens zu

$$dT\omega = \frac{dQ\gamma}{g}(c_{u1} u_1 - c_{u2} u_2).$$

Setzt man nunmehr die Nutzarbeit $dT\omega = dQ\gamma H\varepsilon$, wobei H das Gefälle, ε den hydraulischen Wirkungsgrad, γ das spezifische Gewicht bezeichnet, so folgt die erste Form der Hauptgleichung:

$$gH\varepsilon = c_{u1} u_1 - c_{u2} u_2.$$

Eine andere Form der Hauptgleichung wird dadurch erhalten, daß man die Arbeitsvermögen der Lage, des Druckes und der Bewegung für den Eintritt in die Turbine, für Ein- und Austritt am Laufrad und für den Austritt aus der Turbine anschreibt und unter Berücksichtigung der Reibungsverluste nach dem Gesetz von der Erhaltung der Energie einander gleichsetzt.

Ich will diese etwas übersichtlichere, aber auch längere Ableitung hier nicht durchführen, sondern nur noch angeben, wie man die entsprechende Form der Hauptgleichung auch aus der obigen erhalten kann.

Setzt man nämlich nach dem cosinus-Satz, vergl. Abb. 1 und 2,

$$2 c_{u1} u_1 = c_1{}^2 - w_1{}^2 + u_1{}^2$$
$$2 c_{u2} u_2 = c_2{}^2 - w_2{}^2 + u_2{}^2,$$

---

[1]) Zeitschr. f. d. ges. Turbinenwesen 1906 S. 393; Z. d. V. d. I. 1906 S. 1993.

so ergibt sich die Form der Hauptgleichung, wie sie aus dem Energiegesetz für voll beaufschlagte Turbinen erhalten wird, zu

$$2gH\varepsilon = c_1^2 - w_1^2 + u_1^2 - c_2^2 + w_2^2 - u_2^2,$$

worin gegenüber der früheren Gleichung noch die Relativgeschwindigkeiten w erscheinen.

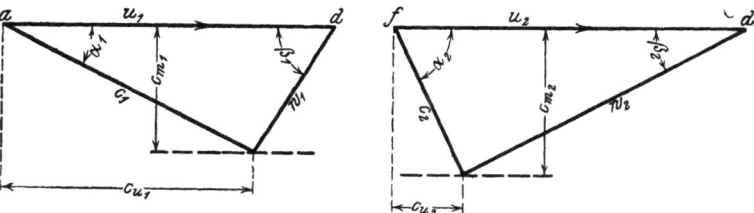

Abb. 1 und 2. Geschwindigkeitsdreiecke im Eintritt und Austritt.

Letztere Form der Hauptgleichung wird im vorliegenden Aufsatz häufig durch Diagramme dargestellt, die im dritten Abschnitt in Abb. 40 u. f. gegeben sind.

In diesen Ergebnissen ist hervorzuheben, daß die Nutzarbeit, $T\omega$ oder $Q\gamma H\varepsilon$, jeweils restlos durch eine Reihe von Geschwindigkeitsgrößen dargestellt wird. Die Reibungsverluste spielen unmittelbar dabei nicht mit und sind nur mittelbar insoweit beteiligt, als sie die genannten Geschwindigkeiten durch Herabsetzung des wirksamen Gefälles beeinflussen.

Versuche, die Reibungsgrößen aus einer Messung der Geschwindigkeiten einerseits und der reinen Nutzarbeit anderseits zu bestimmen, wie dies häufig angestrebt wurde, müssen daher erfolglos bleiben. Erst der Vergleich der Nutzarbeit $Q\gamma H\varepsilon$ mit der absoluten Arbeit $Q\gamma H$ läßt auf den Wirkungsgrad ε und damit auf die Reibungsverluste schließen.

Die Hauptgleichung, die in eindeutiger und klarer Weise beim vollkommenen Beharrungszustande zunächst nur für die sekundliche Wassermenge eines Wasserfadens galt, muß nun praktisch auf den wirklichen Vorgang und die gesamte Wassermenge angewendet werden.

Wir werden zu dem Zweck im folgenden die Lage der Ein- und Austrittspunkte 1 und 2, die Geschwindigkeitsverteilung in den maßgebenden Querschnitten und die Aenderung der Reibungsverluste mit dem Ort und mit der wechselnden Wassermenge zu untersuchen haben.

Diese Größen beeinflussen sich gegenseitig; immerhin wird es die Uebersicht erleichtern, wenn wir sie tunlichst in der genannten Reihenfolge der Betrachtung unterziehen.

II. Die Lage der Ein- und Austrittspunkte.

1) Allgemeines.

Wir haben gesehen, daß in dem wogenden Durchfluß durch die Turbine die einzelnen Wasserbahnen fortwährend neue Lagen annehmen.

Dazu kommt, daß sich auch die Geschwindigkeiten an entsprechenden Stellen der Bahnen infolge der Wirbel sich fortwährend ändern und infolge der endlichen Schaufelzahlen einem periodisch pulsierenden Wechsel unterliegen.

Somit liegen die Ein- und Austrittspunkte nicht fest; ihre Gesamtheit, die wir als Ein- und Austrittsflächen bezeichnen, gleicht einem pulsierenden Gebilde, das seinen Anfangszustand nie wiederholt, und die Geschwindigkeitsdreiecke am Ein- und Austritt, Abb. 1 und 2, nehmen an diesem Wechsel teil. Dazu darf angenommen werden, daß beim Beginn sowohl wie beim Aufhören der Arbeitsabgabe an das Laufrad für jeden einzelnen Wasserfaden das Anwachsen und Abklingen der Kraftwirkung nicht plötzlich, sondern allmählich erfolgt.

Zur Durchführung der Rechnung machen wir nun eine doppelte Annahme. Zunächst denken wir uns die wogenden und pulsierenden Ein- und Austrittsflächen durch festliegende Flächen ersetzt, die den örtlichen und zeitlichen Mittelwerten der ersteren entsprechen. Dann führen wir aber noch an Stelle dieser festliegend gedachten, sicherlich eigenartig geformten Flächen, die man nicht im gewöhnlichen Sinn als Ein- und Austrittsquerschnitte ansprechen kann, geometrisch einfache und der Rechnung leicht zugängliche Querschnittsflächen ein, die meist aus Ebenen, Zylinder- oder Kegelflächen bestehen. Denn die praktische Rechnung kann nicht bei den im Beharrungszustand gedachten einzelnen Wasserfäden unendlich kleiner Weite stehen bleiben; sie muß sie zu endlichen Wasserstraßen mit endlichen Querschnitten und mittleren Geschwindigkeiten zusammenfassen.

Dabei werden wir zunächst fragen, welche Form und Lage der Ersatzflächen die größte Uebereinstimmung mit der Wirklichkeit liefert, dann aber auch mit Rücksicht auf die Unmöglichkeit eines vollkommenen Ersatzes, die die Erfahrungsbeiwerte nie ganz entbehrlich macht, nicht unberücksichtigt lassen, welche Annahmen für Rechnung und Konstruktion am bequemsten sind.

Hierzu möge

2) der konstruktive Teil der Rechnung

kurz ins Auge gefaßt werden.

Die untersuchten Turbinenlauf räder haben Schaufeln aus Stahlblech, die in die als Umdrehungskörper ausgebildeten gußeisernen Radböden und Radkränze eingegossen sind.

Die zeichnerische Darstellung weist daher sinngemäß im Aufriß, Abb. 3. einen Axialschnitt der beiden Umdrehungskörper B und K (Boden und Kranz) auf. Dabei werden die Schaufeln weder im Schnitt noch in Ansicht, sondern mittels einer Zirkularprojektion um die Turbinenachse durch Hineindrehen der sämtlichen räumlichen Kantenpunkte in die Zeichenebene dargestellt, wobei das Eintrittsprofil E_p und das Austrittsprofil A_p sichtbar werden.

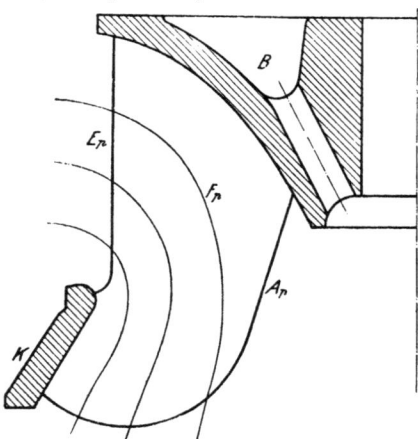

Abb. 3. Laufrad-Axialschnitt.

Diese ebenen Profile der im allgemeinen räumlichen Kanten gestatten, die Umfangsgeschwindigkeit jedes Kantenpunktes bei gegebener Umlaufzahl anzugeben. Sind die Umfangsgeschwindigkeiten, was besonders bei der Austrittskante häufig vorkommt, erheblich verschieden, so wechseln auch die Wassergeschwindigkeiten entsprechend. Man muß dann die einzelnen Austrittspunkte eigens untersuchen und denkt sich zu dem Zweck die Turbine in sogenannte Teilturbinen zerlegt, die wiederum durch Umdrehungsflächen, »Flutflächen« (nach Wagenbach), getrennt sind, deren Leitlinien sich als »Flutprofile« F_{ν} in Abb. 3 zeigen.

Die Einzeichnung solcher Flutprofile, denen wieder die Annahme festliegender Wasserfäden zugrunde gelegt ist, setzt eigentlich schon die Kenntnis der Wassergeschwindigkeiten voraus; denn an jeder Stelle müssen die Querschnitte der vorhandenen Meridiangeschwindigkeit entsprechen. Man kann daher, streng genommen, der Lösung dieser Aufgabe nur schrittweise näher kommen, was sich aber, wie wir später sehen werden, meist erübrigt, da Unrichtigkeiten in der Einzeichnung der Flutprofile die Genauigkeit der Rechnung verhältnismäßig wenig beeinflussen, indem für ihr Endergebnis nicht die absoluten Lagen der Profile, sondern ihre Richtungen von Bedeutung sind, die nur mit dem cosinus eines meist großen Winkels in die Rechnung eintreten.

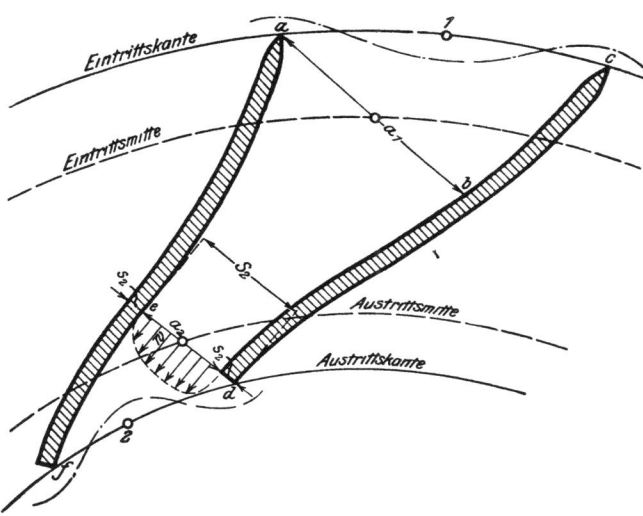

Abb. 4. Ein- und Austrittspunkte.

Durch die Flutflächen wird in Verbindung mit den Schaufeln der ganze Turbinenquerschnitt in eine größere Zahl von Teilkanälen zerlegt, deren Querschnitte für die Rechnung als Rechtecke aufgefaßt werden. Die Wassergeschwindigkeiten w sind in ihnen nicht jeweils gleich, sondern nehmen in der Nähe der Wandungen infolge der Reibung ab, sind an der gedrückten Schaufelseite kleiner als auf der gegenüber liegenden, Abb. 4, da die Summe aus Druck- und Geschwindigkeitsenergie unter sonst gleichen Verhältnissen annähernd unveränderlich zu erwarten ist, und wechseln schließlich in Abhängigkeit von der Umfangsgeschwindigkeit. Zur Berechnung setzt man aber die Umfangsgeschwindigkeit des Mittelpunktes des Rechtecks ein und nimmt mit weiterer Ungenauigkeit als Mittelwert der Wassergeschwindigkeit den Wert an, der sich aus dem Verhältnis von Wassermenge durch Querschnitt berechnet, obwohl der nach der Hauptgleichung nötige Mittelwert der Quadrate $w^2\text{mittel} = \dfrac{\int w^2 df}{f}$ natürlich von dem Quadrat des linear gerechneten Mittels $\left(\dfrac{\int w\,df}{f}\right)^2 = \left(\dfrac{Q}{f}\right)^2$ verschieden ist.

Die auftretenden Fehler werden um so kleiner, je kleiner die Seiten der fraglichen Rechtecke gemacht werden, vorausgesetzt, daß man in der Lage ist, sie wirklich richtig einzuzeichnen. Da das nicht der Fall ist, unterteilt man die lichte Weite zwischen den einzelnen Schaufeln im allgemeinen nicht und begnügt sich mit der Einzeichnung einiger weniger Teilturbinen derart, daß man bei reinen Francis-Turbinen, die ja am Ein- und am Austritt stets die gleiche Umfangsgeschwindigkeit aufweisen, keine Unterteilung vornimmt, während bei Normalläufern etwa 2 bis 3, bei Schnelläufern etwa 4 bis 6 Teilturbinen eingezeichnet werden.

3) Die Annahmen.

Was nun die Lage der Ein- und Austrittsquerschnitte angeht, so stehen sich vor allem zwei Anschauungen gegenüber. Die eine will die betreffenden Querschnitte senkrecht zu den Kanalwänden an der Stelle gemessen wissen, wo die folgende Schaufel beginnt bezw. wo die vorhergehende endet, d. h. nach Abb. 4 in $\overline{ab}$ und $\overline{de}$. Die andere legt die Ein- und Austrittsquerschnitte in die die Kanten umhüllenden Umdrehungsflächen, d. h. nach ac bezw. $\overline{df}$.

Dabei bespreche ich nicht eigens die offenbar unrichtige Anschauung, die den sogenannten Stoß beim Eintritt vor den Punkt 1 legt. Dies widerspricht, wie ich in verschiedenen Buchbesprechungen darzulegen Gelegenheit hatte, mit Rücksicht auf den nützlichen Teil der Stoßarbeit der durch die Hauptgleichung bestimmten Lage des Eintrittspunktes, wonach die ganze Abgabe mechanischer Arbeit zwischen den Punkten 1 und 2 zu erfolgen hat.

Dagegen haben die oben genannten Annahmen beide eine gewisse Berechtigung, um so mehr, als nach unseren Betrachtungen des Strömungsvorganges keine einen Anspruch auf eine vollständig genaue Uebereinstimmung mit der Wirklichkeit machen kann.

Am wahrscheinlichsten ist wohl, daß die Wirkung der Schaufelkanten mit der Entfernung von ihnen abnimmt, so daß die Ein- und Austrittsflächen Formen annehmen dürften, wie sie in Abb. 4 strichpunktiert angegeben sind.

Daß auch ein außerhalb des Querschnittes gelegener Punkt für die Wasserwirkung maßgebend sein kann, habe ich bei Besprechung desselben Gegenstandes in Dinglers Polyt. Journal 1904 S. 817 nachgewiesen.

Es wird eben in jedem Falle darauf ankommen, in welchem Bereiche die Schaufeln die Bildung und Ablenkung des Wasserfadens bestimmen.

In letzter Linie kann diese Frage nur durch den Versuch geklärt werden, und es sind deshalb im folgenden die Ergebnisse zahlreicher Nachrechnungen in Kürze wiedergegeben. Dabei sind auf Grund der genannten beiden Annahmen für die Eintrittsfläche 2, für die Austrittsfläche 3 verschiedene Querschnitte in die Rechnung eingesetzt worden, wobei nach den einheitlichen Bezeichnungen F den Querschnitt senkrecht zur Meridiangeschwindigkeit c_m für die ganze Turbine, f den Querschnitt senkrecht zur Kanalgeschwindigkeit c_0 bezw. w für einen Laufradkanal darstellt.

a) Der in die die Schaufelkante umhüllende Umdrehungsfläche gelegte Eintrittsquerschnitt berechnet sich senkrecht zur Meridiangeschwindigkeit c_{m1}, Abb. 1, als Summe aus den Querschnitten der Teilturbinen zu:

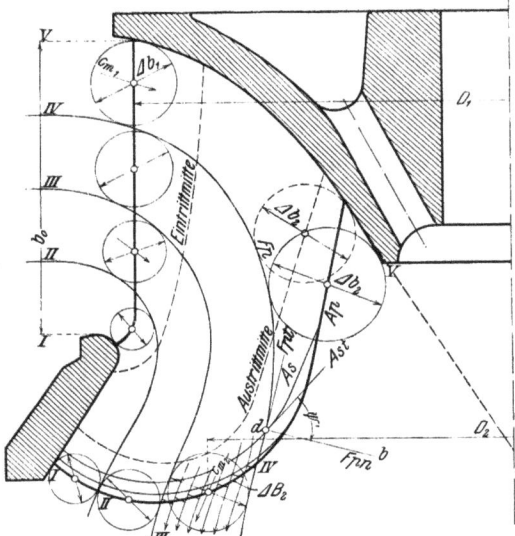

Abb. 5. Lage der Rechnungsgrößen im Laufrade.

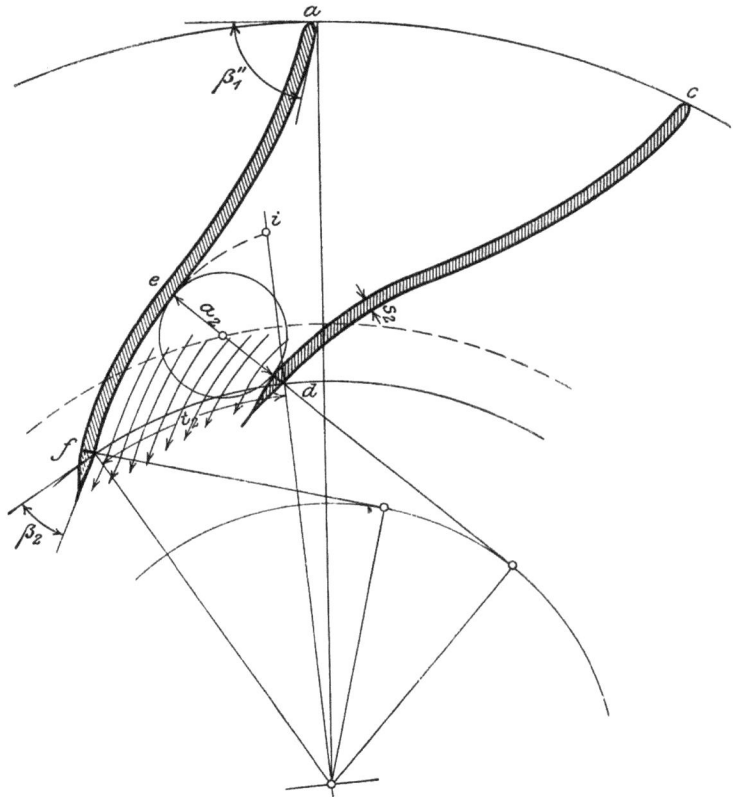

Abb. 6. Abwicklung des Kegels V (aus Profil Abb. 5).

$$F_1 = \Sigma \Delta F_1 = \Sigma \Delta b_1 D_1 \pi, \text{ Abb. 5,}$$
wonach die Wassermenge
$$Q = \Sigma \Delta b_1 D_1 \pi c_{m1}.$$

Eine Verengung durch die Laufradschaufelstärken spielt infolge der Zuschärfung der Bleche, eine solche durch die Leitradschaufelstärken infolge des großen Schaufelspaltes im allgemeinen keine Rolle.

Im Gegensatz zu diesem Querschnitt in der »Eintrittskante« wird

b) der Querschnitt in der »Eintrittsmitte« nach Abb. 4 in $\overline{ab}$ gemessen. Er steht senkrecht zur Geschwindigkeit w_1 und wird für eine Schaufel
$$f_1 = \Sigma \Delta f_1 = \Sigma \Delta b_1 a_1,$$
wobei a die lichte Weite, z die Schaufelzahl, sodaß
$$Q = z_1 \Sigma \Delta b_1 a_1 w_1.$$

Dabei ist für Δb_1 natürlich der der Eintrittsmitte entsprechende Wert (vergl. Abb. 5, Eintrittsmitte) einzusetzen.

Die Austrittsfläche wurde in entsprechender Weise einmal in die »Austrittskante« und dann in die »Austrittsmitte« gelegt.

Im ersteren Falle wurden wieder zwei verschiedene Annahmen in ihrer Uebereinstimmung mit den Bremsergebnissen geprüft: erstens die Annahme, daß die Schaufelstärken im Austritt eine Wasserverzögerung mit entsprechendem Druckrückgewinn hervorrufen; zweitens die, daß dies nicht eintritt.

Nach der ersten Annahme fallen die Schaufelstärken aus der hydraulischen Gleichung völlig heraus, nach der zweiten muß die Verengung durch die Schaufelstärken berücksichtigt werden.

Wir erhalten dann — jeweils senkrecht zu w_2 gemessen — für die Austrittskante ohne Schaufelverengung:

c) $$f_2 = \Sigma \Delta f_2 = \Sigma t_2 \sin \beta_2 \Delta b_2$$
(wobei t_2 die Schaufelteilung nach Abb. 6),

mit Schaufelverengung:

d) $$f_2 = \Sigma \Delta f_2 = \Sigma (t_2 \sin \beta_2 - s_2) \Delta b_2,$$

schließlich für die Austrittsmitte mit anderem Δb_2, Abb. 5 und 6:

e) $$f_2 = \Sigma \Delta f_2 = \Sigma a_2 \Delta b_2.$$

Die Wassermengen ergeben sich auch hier jeweils durch Multiplikation mit den entsprechenden w_2 und z_2.

Man bemerkt, daß die Querschnittbestimmung in der Schaufelkante stets eindeutig ist, da Δb_2 noch beliebig unterteilt werden kann, Abb. 5, und t_2 ge-

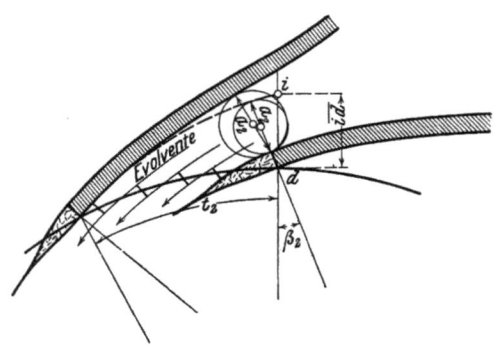

Abb. 7. Laufrad-Austritt ohne Parallelführung.

geben ist, während die Größe, von a_1 und a_2 für die Ein- bezw. Austrittsmitte einen bestimmten Wert nur bei Parallelführung der Kanalwände hat.

So wird man z. B. bei Abb. 7 zweifeln können, ob man als a_2 die der wirklichen lichten Weite oder die der Evolvente entsprechende Größe in die Rechnung einsetzen soll.

4) Die zahlenmäßige Nachrechnung

der Querschnitte geschah nun an Hand der Konstruktionszeichnungen mit gelegentlicher Nachprüfung der ausgeführten Laufräder.

Ich erwähne dabei [1]), daß zur Konstruktion der Schaufelfläche die in den einzelnen Flutflächen gewünschten Austrittswinkel β_2 auf den die Flutflächen ersetzenden Kreiskegeln, Abb. 5 und 6, aufgetragen, daß die daran angeschlossenen Schaufelschnitte (Abb. 6 z. B. für Kegel V) durch Axialebenen geschnitten werden, die in Abb. 6 als Gerade durch die Achse erscheinen, aber nicht eigens eingetragen sind, und daß die dann in Abb. 5 übertragenen Axialschnitte A_r der Axialebenen mit den Schaufeln die Schaufelkrümmung erkennen lassen.

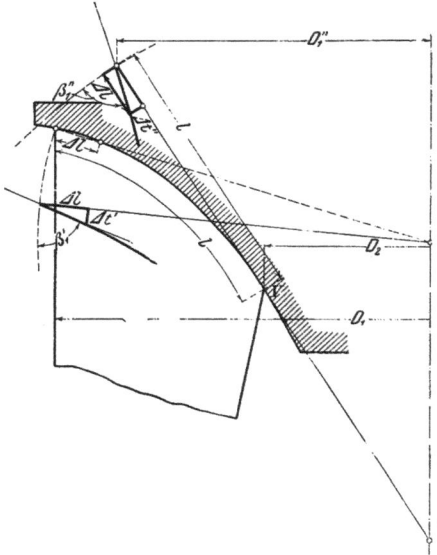

Abb. 8. Bestimmung des in der Kegelabwicklung erscheinenden verzerrten Winkels β_1''.

Dabei erscheinen in den die Flutflächen ersetzenden abgewickelten Kegelflächen verzerrte Winkel β_1'', die zu den wirklichen Schaufelwinkeln β_1' in der Beziehung

$$\cotg \beta_1'' = \cotg \beta_1' \frac{D_1''}{D_1}$$

stehen, wie leicht aus Abb. 8 nachgewiesen werden kann, indem auf dem Kegel $\cotg \beta_1'' = \frac{\Delta t''}{\Delta l}$ ist, auf der Flutfläche $\cotg \beta_1' = \frac{\Delta t'}{\Delta l}$; und wonach mit $\frac{\Delta t'}{\Delta t''} = \frac{D_1}{D_1''}$ das Obige folgt.

Zur Bestimmung der Schaufelverengung bezw. zur Nachprüfung der lichten Weiten ausgeführter Laufräder ist es nötig, die durch die Flutflächen schräg

---

[1]) was in meinen »Vorlesungen über Wasserkraftmaschinen« eingehend erläutert ist.

geschnittenen, in der Zeichnung auftretenden Schaufelstärken *s* aus den Blechstärken *s'*, sowie die auf den Flutflächen vorhandenen Schaufelweiten a_2 aus den meßbaren lichten Weiten a_2' zu berechnen.

Ich halte mich für diese Rechnung im allgemeinen an die Ausführungen Wagenbachs in Z. f. d. g. T. 1907 S. 303, füge aber noch eine die Ableitung erleichternde perspektivische Abb. 9 bei, in der man den Laufradkranz im Schnitt und einen Teil der Schaufeln mit Ein- und Austrittsprofil E_p und A_p und mit Axialschnitten A_s erkennt.

Dabei stellt $\overline{dihe}$ ein Tetraeder dar, dessen Seite $\overline{dih}$ in der Zeichenebene liegt; id ist, s. a. Abb. 6 und 7, der in der Zeichenebene gemessene Abstand bis zum nächsten nach der Evolvente verlängerten Schaufelrücken, ih, parallel

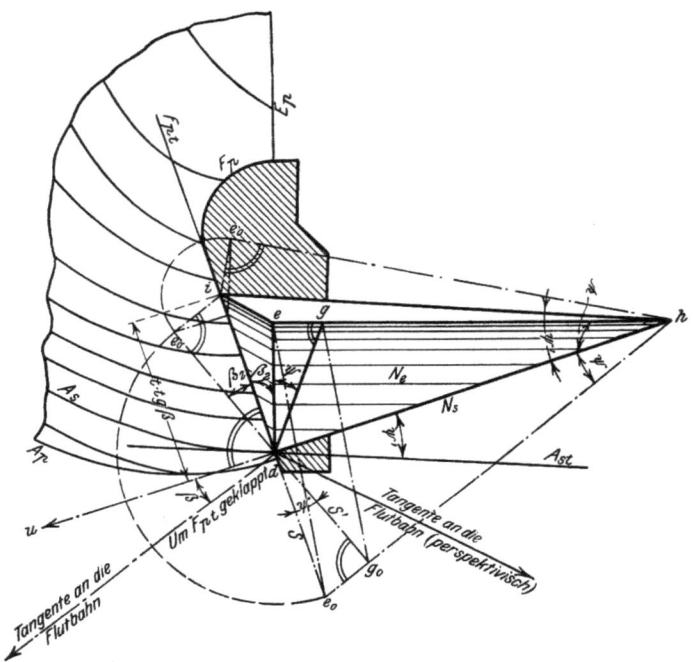

Abb. 9. Geometrische Beziehungen am Laufrad-Austritt.

zur Tangente A_{st} an den Axialschnitt A_s der Schaufel mit der Axialebene, ist die Tangente an den axialen Schaufelschnitt der nächsten Schaufel.

Nun wird eine Normalebene N_e senkrecht auf dem austretenden Wasserstrahl in d errichtet. Sie schneidet die Zeichenebene senkrecht zur Flutprofiltangente F_{pt} im Normalschnitt N_s und die nächste Schaufel in $\overline{eh}$, wobei $\overline{dei}$ eine Ebene durch das Flutprofil senkrecht zur Zeichenebene darstellt.

Errichten wir nun noch eine Gerade $\overline{dg}$ in der Normalebene N_e senkrecht zum Schnitt $\overline{eh}$, so stellt dg den kürzesten Abstand und $(\overline{dg} - s_2')$ die lichte Weite a_2' dar ($s' =$ Blechstärke).

Ihre Berechnung aus den Konstruktionsgrößen $\psi' =$ Winkel zwischen der Flutprofilnormalen $N_e = \overline{dh}$ und der Parallelen zur Axialschnitt-Tangente $A_{st} = \overline{ih}$ sowie dem Austrittswinkel β_2, Abb. 5 und 6, ergibt sich aus der Abb. 9 in den umgeklappten Dreiecken zu:

$$\overline{dg} = \overline{de} \cos \psi$$

oder, da $s_2' = \overline{dg}$, $s_2 = \overline{de}$, Abb. 10,
$$s_2' = s_2 \cos \psi,$$
wobei
$$\operatorname{tg} \psi = \operatorname{tg} \psi' \cdot \cos \beta_2$$

Diese Rechnung ist streng richtig nur, insoweit die Schaufelflächen parallel sind, d. h. für große Schaufelzahlen. Für kleine Schaufelzahlen stehen einer genauen Rechnung unüberwindliche Schwierigkeiten entgegen, selbst wenn die Schaufelfläche mathematisch festliegt.

Das gleiche Verfahren kann auch bei Blechschaufeln gleichbleibender Stärke, und hier wegen deren geringer Ausdehnung mit großer Genauigkeit, dazu verwendet werden, die in der Rechnung auftretende Schaufelstärke s, Abb. 10, aus der wirklichen Blechstärke s' zu berechnen, indem dann entsprechend gilt:

$$s = \frac{s'}{\cos \psi}.$$

dabei folgt dann auch $a_2 = a_2' \cdot \cos \psi$.

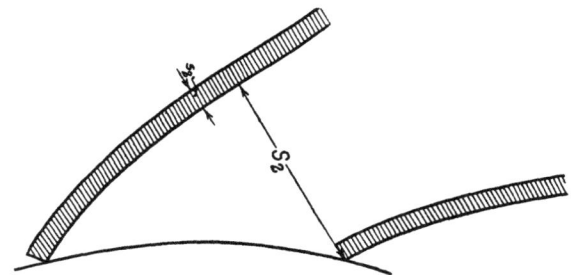

Abb. 10. Schaufelabstand und Schaufelstärke in der Abwickelung.

5) Anwendung auf die Hauptgleichung.

Mit den berechneten Querschnitten wäre es nun möglich, für eine gegebene Beaufschlagung die Wassergeschwindigkeit in den einzelnen Wasserstraßen zu berechnen, wenn die Verteilung der Wassermenge auf die einzelnen Teilturbinen bekannt wäre.

Der Laufradeintritt war bei den betrachteten Zentripetalturbinen gleichartig genug, um die Annahme einer gleichmäßigen Wasserverteilung zu rechtfertigen. Danach setzten wir c_{m1} in erster Annäherung unveränderlich.

Der Laufradaustritt hingegen war im allgemeinen sehr wechselnd, und die Frage der Wasserverteilung daher besonders bei nicht normalen Beaufschlagungen der Turbinen so verwickelt, daß sie in einem eigenen Kapitel behandelt werden soll.

Hier aber, zur Beurteilung der Lage der Ein- und Austrittsquerschnitte, haben wir nur die normale Beaufschlagung heranzuziehen.

Diese Frage soll nämlich dadurch entschieden werden, daß wir nach unseren verschiedenen Annahmen die Wassermengen ausrechnen, die dem günstigsten Arbeiten der Turbine, soweit sich das voraussagen läßt, entsprechen, und dann vergleichen, wie das Ergebnis mit der für den besten Wirkungsgrad beobachteten Wassermenge übereinstimmt.

Nun darf der beste Wirkungsgrad wohl bei derjenigen Wassermenge erwartet werden, bei der der Eintritt des Wassers ins Laufrad ohne sogenannten Stoßverlust und bei der der Austritt nahezu senkrecht verläuft. Ich sage:

nahezu, da das günstigste Austrittsdreieck vermutlich eine etwas kleinere Relativgeschwindigkeit aufweist als das für senkrechten Austritt, da eine sehr keine Umfangskomponente c_{u2} noch keine wesentlichen Wirbel hervorruft, die mit w_2^2 proportionalen Reibungsverluste aber schon merklich verkleinert.

Wir nehmen daher an, daß der höchste Wirkungsgrad der Turbine bei der Wassermenge und der Umlaufzahl eintritt, bei der der Eintritt ohne sogenannten »Stoßverlust«, der Austritt aber so erfolgt, daß das Geschwindigkeitsdreieck zwischen demjenigen für senkrechten Austritt ($\alpha_2 = 90^\circ$) und dem für $w_2 = u_2$ liegt.

Ein Zusammenfallen dieser Bedingungen für Ein- und Austritt wird sich bei Turbinen mit Finkschen Drehschaufeln im allgemeinen für irgend eine Wasserstraße stets erreichen lassen, da man in der Lage ist, beliebige Beaufschlagungen mit beliebigen Umlaufzahlen zu vereinigen. Die Frage ist dann nur, wie sich die anderen Wasserstraßen gleichzeitig verhalten.

Betrachtet man daraufhin die normal gebauten Turbinen, so zeigt sich, daß für die genannten Fälle die Verhältnisse in den einzelnen Teilturbinen nicht sehr verschieden ausfallen können, so daß es wohl angängig erscheint, für letztere jeweils annähernd gleiche Gesamtreibungsverluste und Wirkungsgrade anzunehmen.

Damit ist dann aber das Gesetz der Wasserverteilung festgelegt und die Ausrechnung ermöglicht.

Zur Vereinfachung nehmen wir somit an, daß bei senkrechtem Austritt die Wirkungsgrade der einzelnen Teilturbinen stets gleich seien. Es folgt dann aus der Hauptgleichung, daß dies die Bedingung für ein gleichzeitiges Eintreten des senkrechten Austrittes auf der ganzen Austrittskante ist, indem in

$$\varepsilon g H = u_1 c_{u1} - u_2 c_{u2}$$

mit $\varepsilon g H = $ konst und $u_1 c_{u1}$ für dieselben Eintrittsverhältnisse = konst auch $u_2 c_{u2} = $ konst, d. h. in diesem Fall gleich null werden muß.

Ebenso läßt sich nachweisen, daß für die gleichfalls der Wirklichkeit nahe liegende Annahme $\varepsilon + \dfrac{c_2^2}{2gH} = \varepsilon + \varkappa_2$ [1]) = konst der gleichschenklige Austritt ($w_2 = u_2$) in allen Teilturbinen erfolgen muß, wenn er in einer einzigen stattfindet.

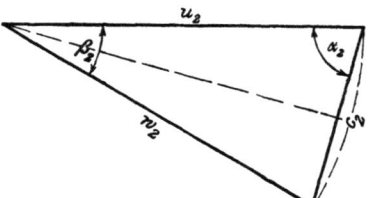

Abb. 11. Austrittsdreieck.

Denn schreiben wir

$$\varepsilon g H = u_1 c_{u1} - u_2 c_2 \cos \alpha_2$$

und entnehmen für $w_2 = u_2$ aus Abb. 11

$$\frac{c_2}{2} = u_2 \cos \alpha_2,$$

so wird

---

[1]) Mit $\varkappa$ werden die kinetischen Energien bei 1 m Gefälle bezeichnet.

$$\varepsilon g H = u_1 c_{u1} - \frac{c_2^2}{2}$$

und

$$g H (\varepsilon + \varkappa_2) = u_1 c_{u1} = \text{konst.}$$

6) Die Ausrechnung.

Für die genannten Annahmen ist sonach die Wassermenge für senkrechten Austritt »$Q_\perp$« und die für $w_2 = u_2$, die wir mit »$Q_\triangleleft$« bezeichnen wollen, in einfachster Weise aus den Austrittquerschnitten für eine bestimmte Umlaufzahl zu berechnen.

Von den nachgerechneten Turbinen lagen ausführliche Bremsprotokolle vor. Aus ihnen wurde zunächst die beste Umlaufzahl der Turbine entnommen, bei der dann auch der günstigste Eintritt ins Laufrad zu erwarten war.

Für diese Umlaufzahl wurden nach unseren Annahmen die Wassermengen »$Q_\perp$« und »$Q_\triangleleft$« berechnet und mit der Wassermenge des gebremsten besten Wirkungsgrades verglichen. Die Annahme, für welche die letztere zwischen $Q_\perp$ und $Q_\triangleleft$ fiel, erschien als die richtigste.

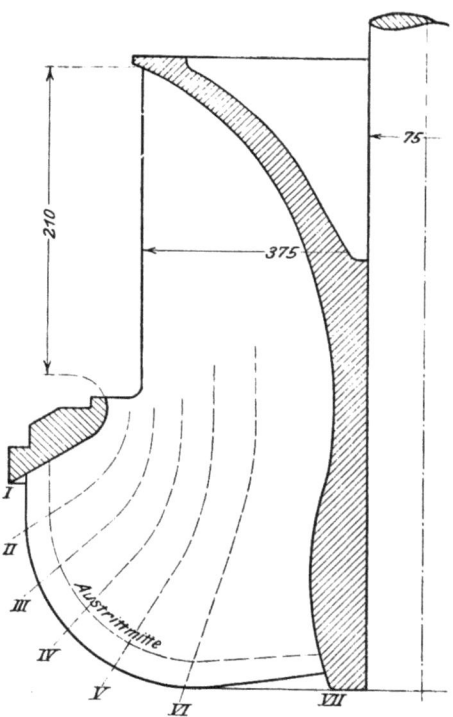

Abb. 12. Laufrad G_1. Spezifische Umlaufzahl $n_s = 316$;
für die Umlaufzahl des besten Wirkungsgrades $n_{s0} = 240$.

Es werden sich dabei allerdings noch verschiedene Einschränkungen ergeben, die aber erst nach Anführung der Rechnungsergebnisse besprochen werden sollen.

Die Durchführung der Rechnung selbst wird am besten an einem Beispiel erläutert.

Die Rechnung sei für das Laufrad G_1, Abb. 12, wiedergegeben. Sie zerfällt in zwei Teile: erstens in die Bestimmung der Querschnitte, zweitens in die Berechnung der Wassermenge.

Die erste ist in Zahlentafel 1 wiedergegeben. Aus der Konstruktionszeichnung (vergl. auch Abb. 5 und 6) wurden zunächst in den Flutprofilen $I, II \ldots$ die Winkel β_2 und ψ' abgegriffen und daraus ψ und s_2 nach $\mathrm{tg}\,\psi = \mathrm{tg}\,\psi'\,\beta_2$ und $s_2 = \dfrac{s_2'}{\cos \psi}$ berechnet.

Zahlentafel 1.
Austrittsflächen.

Konstruktionsgrößen				Austrittskante				Austrittsmitte					
						a)	b)	nach Zeichnung			nach Ausführung		
β_2	ψ'	ψ	s_2	t_2	Δb_2	Δf_2 mit Verengung	Δf_2 ohne Verengung	Δb_2	a_2	c) Δf_2	a_2'	a_2	d) Δf_2
I 16°	16°												
A 15° 20'	12°	11° 30'	5,11	165,2	32,0	12,33	13,95	31,0	36,89	11,40	37,5	38,5	11,93
II 15° 20'	8,5°	8° 10'	5,06										
B 16° 30'	7,5°	7° 10'	5,04	163,4	34,3	14,18	15,90	31,8	36,96	11,75	38,6	39,0	12,40
III 17°	5°	4° 50'	5,02										
C 17°	4°	3° 50'	5,01	154,0	35,5	14,21	15,97	33,3	36,99	12,30	37,3	37,4	11,55
IV 17°	6°	5° 45'	5,03										
D 18°	3,3°	3° 20'	5,02	138,5	39,5	14,90	16,90	36,0	36,98	13,30	38,7	38,8	13,95
V 19°	2°	1° 55'	5										
E 22° 30'	9°	8° 20'	5,06	113,5	49,0	18,80	21,25	44,8	36,94	16,90	38,3	38,7	17,40
VI 26°	12°	10° 50'	5,09										
F 35°	10°	8° 15'	5,06	68,0	90,0	30,55	35,10	80,0	34,94	28,00	31,45	31,8	25,40
VII 50°	2°	1° 20'	5										
für eine Zelle . . . . . $\Sigma f_2\,[\mathrm{cm}^2] =$						104,97	119,07	—	—	93,65	—	—	92,63

Austrittsflächen: für Kante: Δf_2 mit Verengung $= (t_2 \sin \beta_2 - s_2)\,\Delta b_2$;
Δf_2 ohne Verengung $= (t_2 \sin \beta_2)\,\Delta b_2$;
für Mitte: $\Delta f_2 = a_2\,\Delta b_2$;
Blechstärke $s_2' = 5$ mm; mittl. Verengungszahl $\varphi = 0{,}885$;
VII ist die innerste, I die äußerste Wasserstraße.

Durch Auftragen von β_2, ψ und s_2 auf der abgewickelten Schaufelkante, Abb. 13, wurden die Werte in den Mitten $A, B \ldots$ der Wasserstraßen bestimmt. Es folgen die Werte R_2, Teilung $t_2 = \dfrac{2\,R_2\,\pi}{z_2}$ und Δb_2 für die Kante und daraus

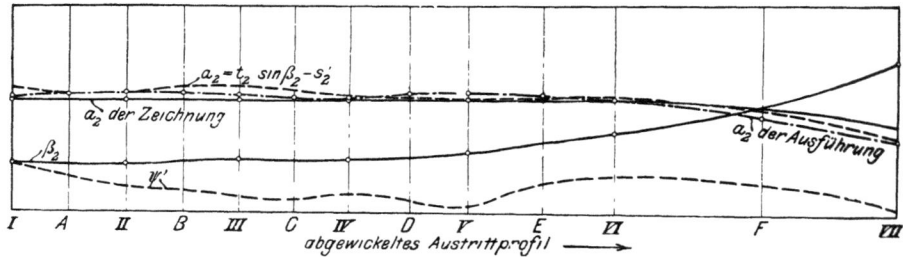

Abb. 13. Laufrad G_1. Interpolation der Rechnungsgrößen für die Mitten der Teilturbinen aus denen für die Flutflächen.

die Austrittsfläche für die Kante und mit dem entsprechenden $\varDelta b_2$ und a_2 die für die Austrittsmitte.

Das Rad war mit verschiedenen Umlaufzahlen und Beaufschlagungen gebremst worden und hatte die besten Wirkungsgrade für die Einheitsumlaufzahl $(n_I D_I)^1) = 58$ geliefert. Für diese wurden nun die relativen Austrittsgeschwindigkeiten w_2 für senkrechten und gleichschenkligen Austritt, für die Austrittskante sowie für die Austrittsmitte (vergl. Abb. 14 und 15) bestimmt und damit

Fig. 14 und 15. Laufrad G_1.

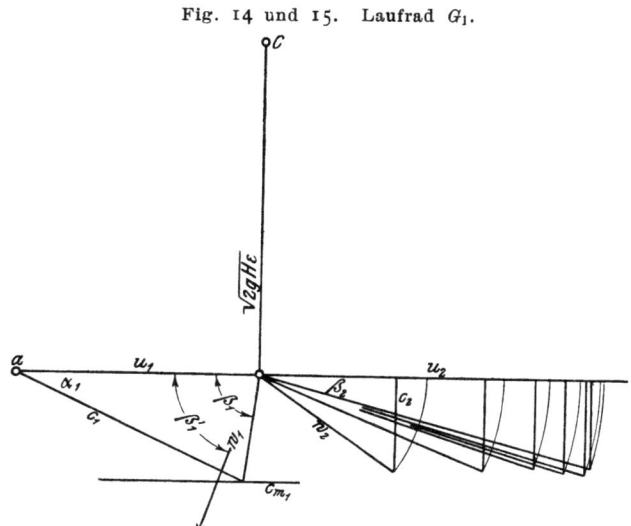

Abb. 14. Diagramm für $Q_\perp$ ($\alpha_2 = 90^0$) für Austrittskante berechnet.
$\varepsilon =$ konst.

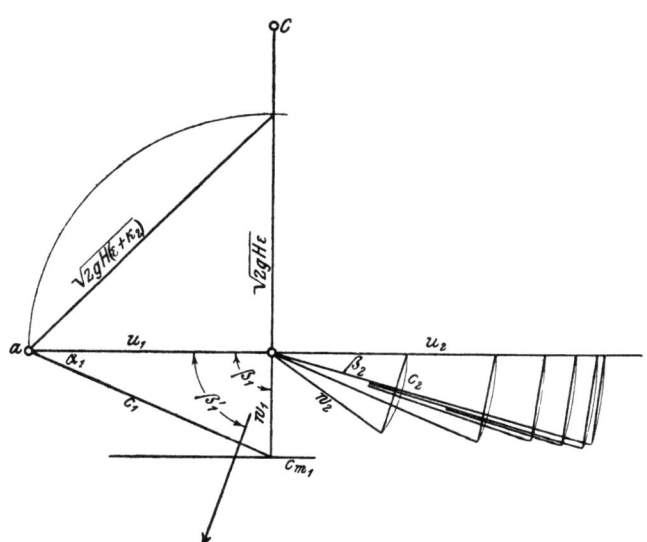

Abb. 15. Diagramm für $Q_\triangleleft$ ($w_2 = u_2$) für Austrittskante berechnet.
$$\varepsilon + \frac{c_2^2}{2\,gH} = \text{konst.}$$

---

[1] $n_I =$ Umlaufzahl i. d. Min. bei 1 m Gefälle; $D_1 =$ Eintrittsdmr.; $n_I D_1 =$ Einheitsumlaufzahl. Vergl. »Starkstromtechnik« 1912 S. 298.

für die acht genannten in Zahlentafel 2 angeführten Fälle die Wassermengen berechnet. Letztere sind auf der in Abb. 16 angegebenen Kurve der Wirkungs-

Zahlentafel 2.
Wassermengen in ltr/sk bei $H = 1$ m.

Teilturbine	Austrittskante								Austrittsmitte								
				a) mit Verengung			b) ohne Verengung					c) nach Zeichnung			d) nach Ausführung		
	u_2	$w_2\perp$	$w_2\triangledown$	Δf_2	$\Delta Q_\perp$	$\Delta Q_\triangledown$	Δf_2	$\Delta Q_\perp$	$\Delta Q_\triangledown$	u_2	$w_2\perp$	$w_2\triangledown$	Δf_2	$\Delta Q_\perp$	$\Delta Q_\triangledown$	Δf_2	$\Delta Q_\perp$	$\Delta Q_\triangledown$
A	3,90	4,04	$w_2 = u_2$	12,33	4,98	4,81	13,95	5,63	5,44	3,77	3,90	$w_2 = u_2$	11,40	4,44	4,29	11,93	4,64	4,48
B	3,85	4,00		14,18	5,675	5,46	15,90	6,36	6,12	3,70	3,85		11,75	4,52	4,35	12,40	4,77	4,59
C	3,62	3,80		14,21	5,41	5,15	15,97	6,07	5,78	3,55	3,70		12,30	4,55	4,36	11,55	4,27	4,10
D	3,25	3,40		14,90	5,06	4,85	16,90	5,75	5,49	3,15	3,32		13,30	4,41	4,19	13,95	4,63	4,40
E	2,65	2,85		18,80	5,35	4,98	21,25	6,05	5,63	2,60	2,85		16,90	4.82	4,40	17,40	4,96	4,53
F	1,60	1,95		30,55	5,95	4,89	35,10	6,85	5,62	1,20	1,50		28,00	4,20	3,36	25,40	3,82	3,325
ltr/sk für eine Zelle $\Sigma Q =$				32,425	30,140	—	40,71	34,08	—	—	—		—	26,94	24,95	—	27,09	25,425

Die Bremsung ergab für das Laufrad mit 10 Zellen als günstigste Wassermenge $Q_0 = 295$ ltr/sk.

grade e eingezeichnet, und zwar entsprechen die Kreise unter a der Austrittskante mit Verengung, die unter b der ohne Verengung, die Punkte unter c der Austrittsmitte mit der Weite der Zeichnung und die unter d der Austrittsmitte mit der nachgemessenen Weite der Ausführung. Man bemerkt,

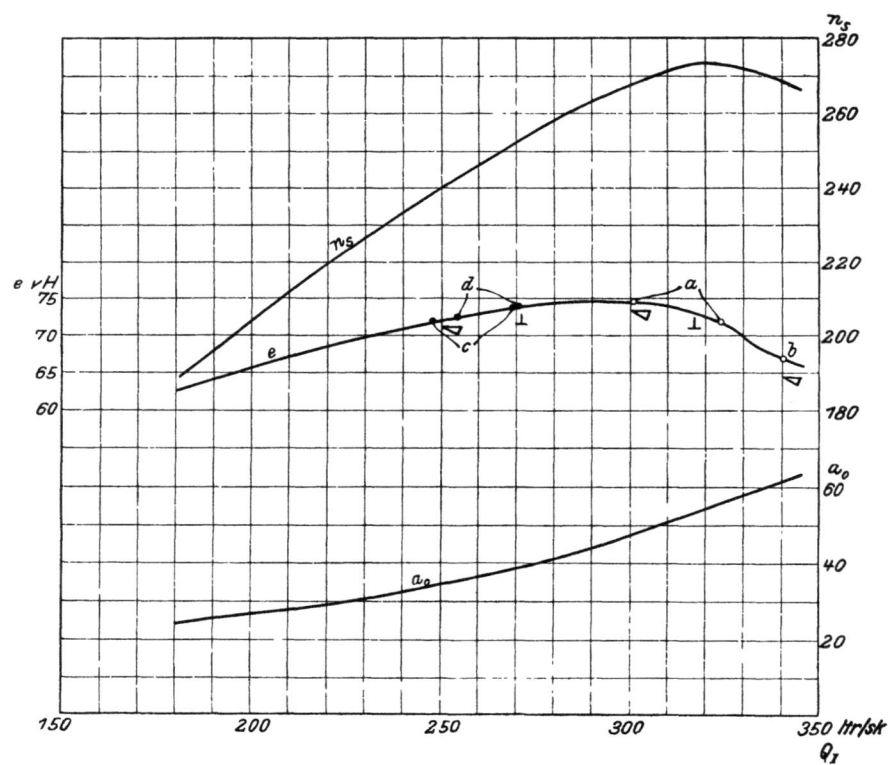

Abb. 16. Laufrad G_1.
Bremsergebnisse für $n_1 D_1 = 58$ mit den rechnungsmäßig günstigsten Wassermengen.

daß keine unserer Annahmen genau der Forderung, daß der beste Wirkungsgrad zwischen Q_1 und Q_4 liegen soll, entspricht.

Am besten stimmt noch die Annahme a) der Austrittskante mit Verengung, da es mit Rücksicht auf die Reibung im Laufrad viel wahrscheinlicher ist, daß der beste Wirkungsgrad unter Q_4, als daß er über Q_1 liegt.

Die Austrittskante ohne Schaufelverengung scheidet aber ganz aus, da sie viel zu große Wassermengen liefert.

Für Fall a) sind in Abb. 14 und 15 noch die zugehörigen Eintrittsdreiecke aufgezeichnet. Die Eintrittswinkel β_1 ergeben sich dabei nach der im Abschnitt III erläuterten Diagrammkonstruktion zu 82° und 90°. Die Uebereinstimmung mit dem Schaufelwinkel β_1', der 70° aufweist, wird im nächsten Kapitel besprochen.

In ähnlicher Weise wurde noch eine Reihe anderer Turbinen untersucht von denen ich hier die in Abb. 17 bis 21 wiedergegebenen Bauarten F_3, F_5, J, Q und X_2 anführen will. F_3 und F_5 gehören den Schnelläufern mit stark herunter gezogenem Laufradprofil an. J ist ein gleichfalls von mir entworfener Normalläufer ($n_s = 175$). Q ist von Oberingenieur Honold (Gotha) entworfen.

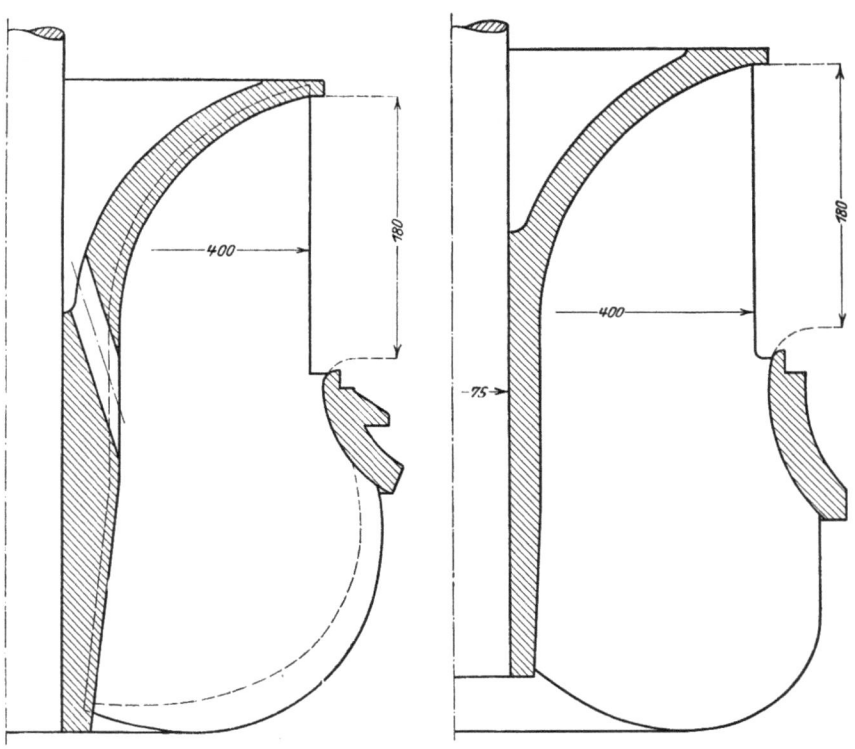

Abb. 17. Laufrad F_3.
Spezifische Umlaufzahl $n_s = 324$; für die Umlaufzahl des besten Wirkungsgrades $n_{s0} = 274$.

Abb. 18. Laufrad F_5.
Spezifische Umlaufzahl $n_s = 315$; für die Umlaufzahl des besten Wirkungsgrades $n_{s0} = 258$.

Besondere Beachtung erweckt wegen seiner außergewöhnlich hohen Umfangsgeschwindigkeit das Laufrad X_2. Ich hatte es, angeregt durch die Veröffentlichung Wagenbachs in der Zeitschrift für das gesamte Turbinenwesen 1909 S. 421, für $n_1 D_1 = 88$ mit dem Schaufeleintrittswinkel $\beta_1' = 25°$ entworfen.

Die Bremsung entsprach ausnehmend genau den Rechnungswerten und ergab für $n_I D_1 = 94,6$ und $e = 0,70$ eine spezifische Drehzahl $n_s = 406$ bei einem Laufraddurchmesser von 0,4 m. Wenn meine in Zeitschrift für das gesamte Turbinenwesen 1910 S. 501 gemachten Voraussetzungen über die Aenderung der spe-

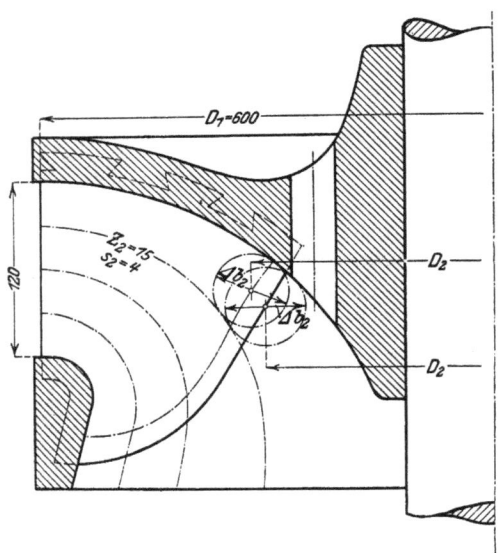

Abb. 19. Laufrad J.
Spezifische Umlaufzahl $n_s = 175$; für die Umlaufzahl des besten Wirkungsgrades $n_{s0} = 175$.

zifischen Drehzahl mit der Turbinengröße zutreffen, wäre mit derselben Bauart beim Durchmesser von 1,10 m $n_s = 450$ zu erwarten. Der Wirkungsgrad würde sich bei gleicher Vergrößerung nach denselben Annahmen von 0,70 auf 0,76

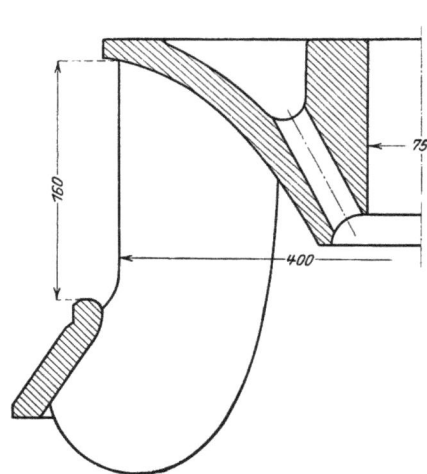 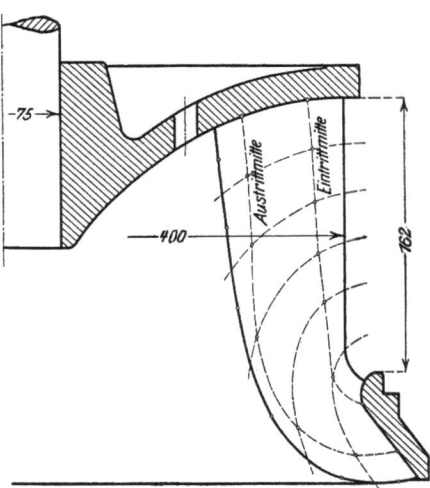

Abb. 20. Laufrad Q
Spezifische Umlaufzahl $n_s = 301$; für die Umlaufzahl des besten Wirkungsgrades $n_{s0} = 254$.

Abb 21. Laufrad X_2.
Spezifische Umlaufzahl $n_s = 405$; für die Umlaufzahl des besten Wirkungsgrades $n_{s0} = 336$

vermehren[1]). Für den besten Wirkungsgrad $e = 0{,}745$ (bei $Q_0 = 255$ und $n_I D_1 = 84$) mit $n_s = 336$ bei 400 mm Dmr. ergäben sich bei Vergrößerung auf 1,10 m Dmr.: $e = 0{,}795$; $n_s = 365$. Der Berechnung war zugrunde gelegt: $n_I D_1 = 88$; $\varepsilon = 0{,}76$; $Q_1 = 271$ ltr/sk; dies ergibt für $n_I D_1 = 84$: $Q_1 = 259$ ltr/sk gegenüber den gebremsten 255 ltr/sk.

So hohe spezifische Umlaufzahlen hatte ich vor dem Erscheinen der erwähnten Wagenbachschen Veröffentlichung für unmöglich gehalten. Es darf aber nicht verschwiegen werden, daß die außergewöhnlich hohe Umfangsgeschwindigkeit — ihr charakteristischer Wert: $\dfrac{u_1}{\sqrt{2gH}}$ wird für $n_I D_1 = 94{,}6$ $u_1 = \dfrac{D_1 \pi n}{60} \dfrac{1}{2g} = 1{,}12$, d. h. 12 vH höher als $\sqrt{2gH}$ — große Anforderungen an

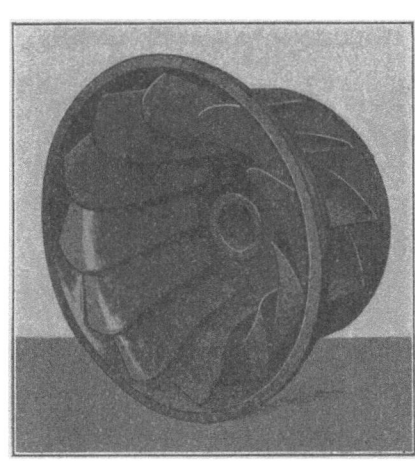

Abb. 22. Laufrad X_2.

Abb. 23. Schaufelklotz des Laufrades X_2.

die Genauigkeit der Ausführung stellt. Kleine Fehler können die verhältnismäßig kleine Kraftkomponente in der Umfangsrichtung stark beeinflussen. Dazu müssen die Schaufelformen der großen Geschwindigkeiten wegen besonders eben ausgeführt werden.

Das von Briegleb, Hansen & Co. sehr sauber, aber ohne jede besondere Glättung ausgeführte Laufrad ist in Abb. 22 in Ansicht wiedergegeben. Abb. 23 zeigt den besonders ebenen Schaufelklotz dieses Laufrades.

Was nun die weiteren Ergebnisse der Nachrechnung anbetrifft, so verweise ich zunächst auf Abb. 24 und 25 mit den Wirkungsgradkurven der F_3 und F_5.

Bei ersterer stimmt die Austrittsmitte besser als die Austrittskante, bei letzterer fallen die Wassermengen für Kante und Mitte nach der Ausführung sehr nahe zusammen, während die für Mitte, nach der Zeichnung gerechnet, zu klein werden. Die Wassermengen für Austrittskante ohne Berücksichtigung der Schaufelverengung sind nicht eingezeichnet, da sie durchweg zu große Werte liefern.

In den gleichen Abbildungen sind auch die nach dem folgenden Kapitel im Schwerpunkt der effektiven, d. h. der senkrecht durchflossenen Austrittskante

---

[1]) Die Aenderung des Wirkungsgrades der Wasserturbinen von Gefälle, Wasserwärme, Turbinengröße und Rauheit der Kanäle, Z. d V. d. I. 1909 S. 1541.

bestimmten Geschwindigkeitsdreiecke für die nach dem Versuch beste Wassermenge Q_0 angegeben.

Abb. 24.

Bremskurven der F_3 für $n_I D_1 = 56$ mit den rechnungsmäßig günstigsten Wassermengen.

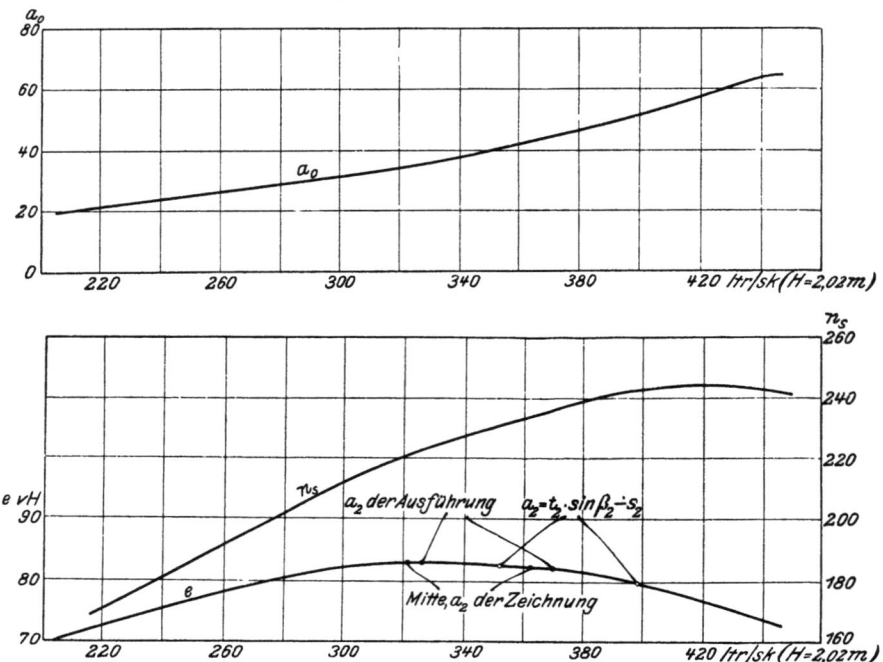

Geschwindigkeitsdreiecke (mit der Austrittskante) für die versuchsgemäß beste Wassermenge.

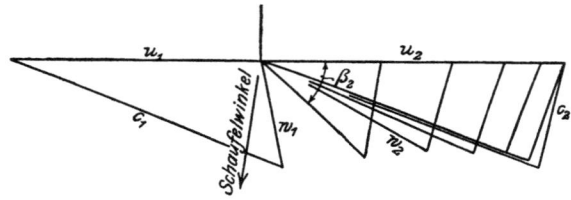

Die J-Turbine zeigte bei der Bremsung eine auffallende Unempfindlichkeit gegen einen Wechsel der Umlaufzahl, indem der Wirkungsgrad in weiten Grenzen 84 vH überschritt. Deshalb ließ sich auch die günstigste Umlaufzahl nicht genau feststellen. Die vorliegende Untersuchung wurde auf verschiedene Umlaufzahlen angewendet. In Abb. 26 ist sie für $n_I D_1 = 68$, 64 und 52 wiedergegeben.

Es zeigt sich, daß mit abnehmender Umlaufzahl die Verlegung des Austrittspunktes in die Kante mehr mit den Bremsergebnissen übereinstimmt. Es werden eben dabei die nach unserer Voraussetzung berechneten Relativgeschwindigkeiten und damit die Reibungsverluste im Laufrade kleiner.

Wie die betreffenden Austritts-Dreiecke dabei aussehen, ist in den Abb. 27 und 28 für den Schwerpunkt der effektiven Austrittsfläche angegeben.

Abb. 29 zeigt das Rechnungsergebnis für die Q-Turbine, bei dem die Austrittsmitte besser zu stimmen scheint als die Austrittskante.

Schließlich kommen noch eine Reihe Abbildungen der X_2. Zunächst sei auf die Profilzeichnung Abb. 21 mit der auffallend kurzen Schaufelentwicklung verwiesen.

Abb. 30 gibt das Ergebnis der Nachrechnung für zwei verschiedene Umlaufzahlen, welches zwischen Austrittsmitte und -kante keine große Verschiedenheit zeigt, bei dem aber die Kante besser stimmt als die Mitte.

Abb. 25.
Bremskurven der F_5 für $n_I D_1 = 58$ mit den rechnungsmäßig günstigsten Wassermengen.

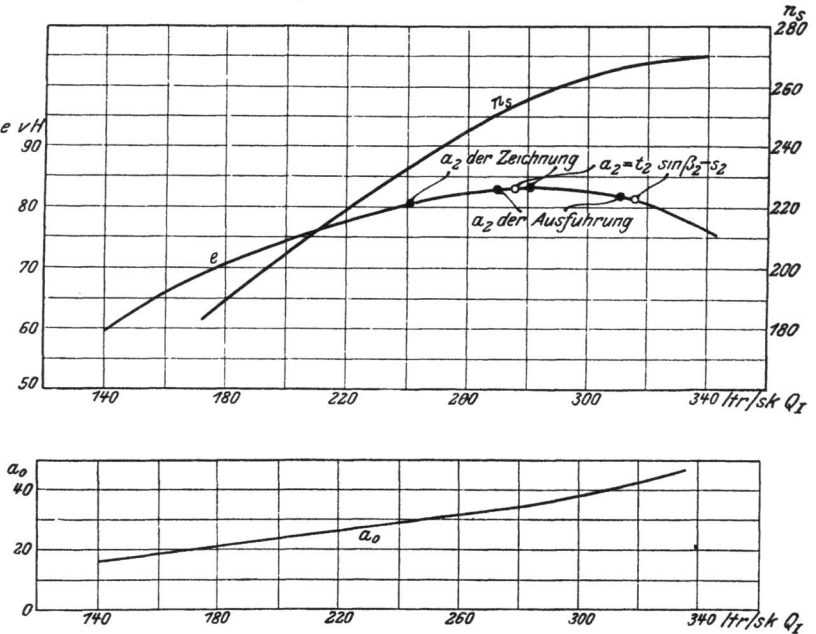

Geschwindigkeitsdreiecke (mit der Austrittskante) für die versuchsgemäß beste Wassermenge.

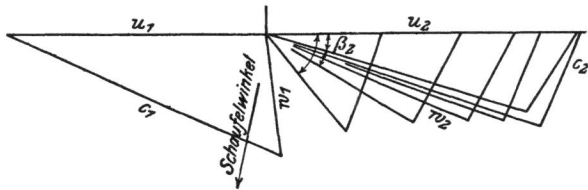

Abb. 26.
Drei Wirkungsgradkurven von Laufrad J mit den für die verschiedenen Einheits-Umlaufzahlen rechnungsmäßig günstigsten Wassermengen.

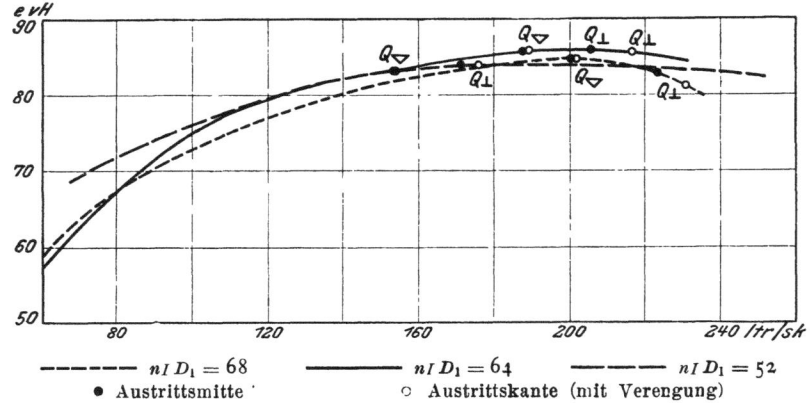

Abb. 27 und 28.

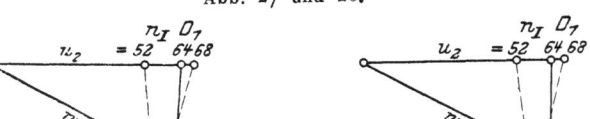

Austrittsdreiecke zu Laufrad J.
für die Kante   für die Mitte
je für den Austrittschwerpunkt.

Abb. 29.
Laufrad Q für $n_I D_1 = 62$.
Wirkungsgradkurven mit den rechnungsmäßig günstigsten Wassermengen.

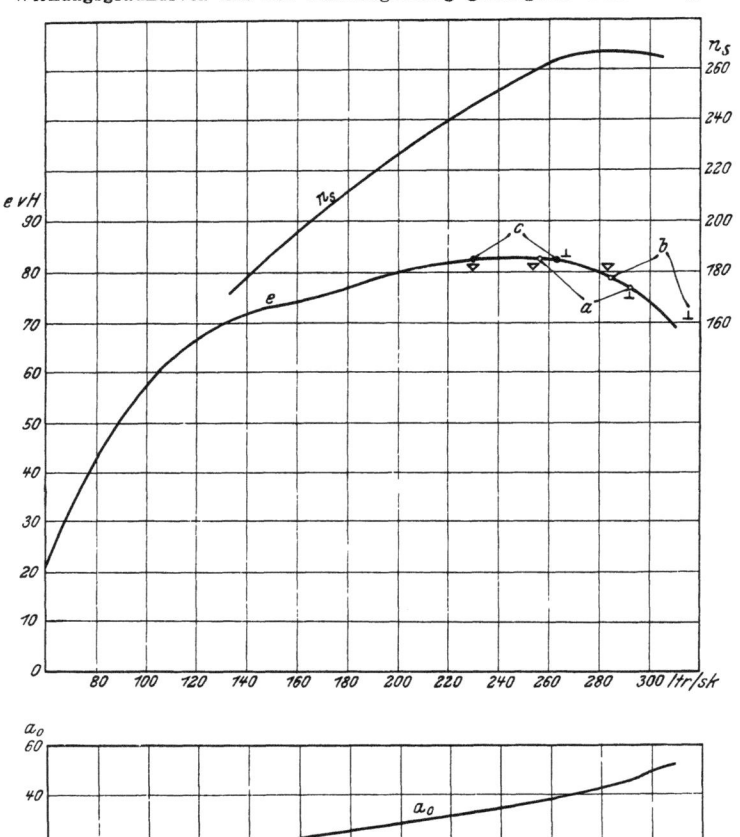

Geschwindigkeitsdreiecke (mit der Austrittskante) für die versuchsgemäß beste Wassermenge.

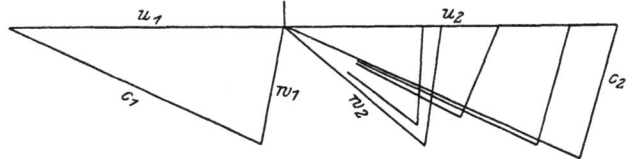

Abb. 30.
Zwei Wirkungsgradkurven von Laufrad X_2 mit den entsprechenden rechnungsmäßig günstigsten Wassermengen.

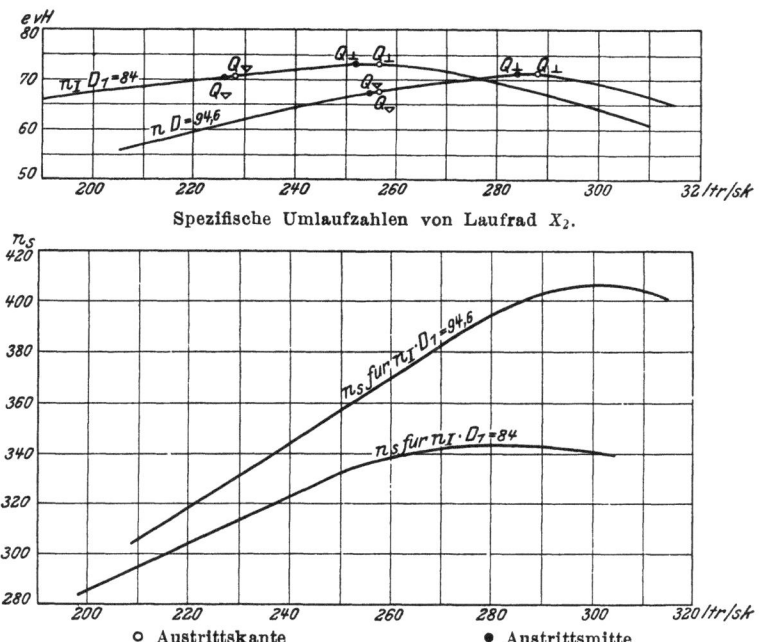

Spezifische Umlaufzahlen von Laufrad X_2.

○ Austrittskante ● Austrittsmitte

Abb. 31 bis 34 zeigen die zugehörigen Aus- und Eintrittsdreiecke, für den Schwerpunkt des Austrittsprofils gerechnet.

Da hier der Querschnitt für die Mitte des Eintrittes infolge des kleinen Eintrittwinkels von dem für die Eintrittskante stark abweicht, ist die Untersuchung auf beide ausgedehnt worden.

Abb. 31 bis 34. Laufrad X_2.

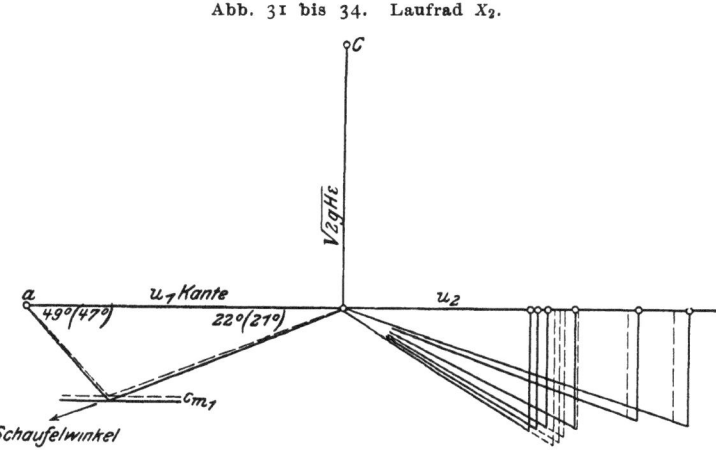

Abb. 31.
Aus- und Eintrittsdreiecke bei $Q_\perp$ für Kante (———) und Mitte (- - - - -) des Austritts
Der Pfeil zeigt die Richtung des Schaufelwinkels.
$\varepsilon = $ konst
Die Hulfslinien zur Diagrammkonstruktion (vergl. Abschnitt III) sind weggelassen.

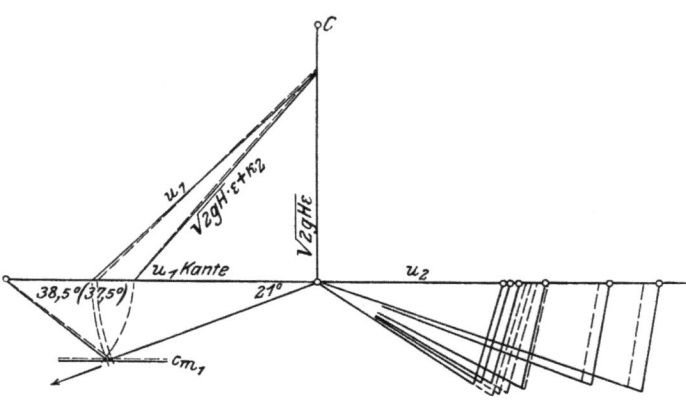

Abb. 32.
Desgl. mit $\varepsilon + \varkappa_2 =$ konst bei Q_1.

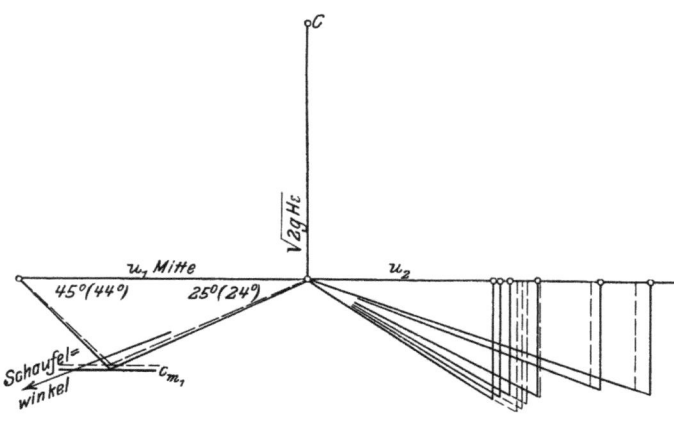

Abb. 33.
Desgl. bei $Q_\perp$, aber Eintrittsdreieck für Eintrittsmitte berechnet

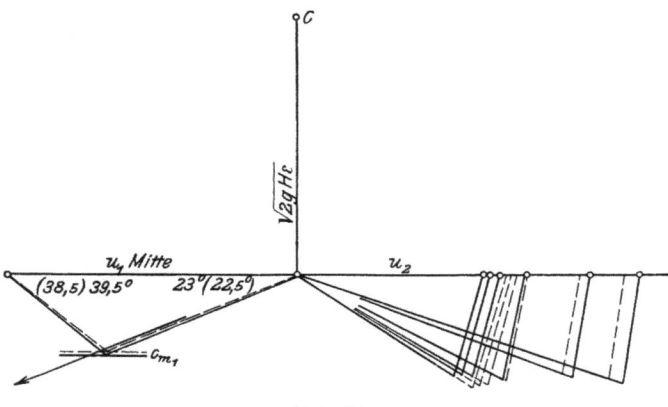

Abb. 34.
Desgl. bei $Q_\triangledown$, aber Eintrittsdreieck für Eintrittsmitte berechnet.

Man bemerkt, daß das Eintrittsdreieck mit dem Schaufelwinkel dann besser übereinstimmt, wenn man mit der Eintrittskante, Abb. 31 und 32, als wenn man mit der Mitte, Abb. 33 und 34, rechnet.

Die Beurteilung, ob Austrittsmitte oder -kante der Berechnung zu Grunde zu legen ist, wird in den vorliegenden Nachrechnungen zum Teil dadurch erschwert, daß bei Zentripetalturbinen die nach der einen oder anderen Annahme berechneten Wassermengen meist nicht stark voneinander abweichen.

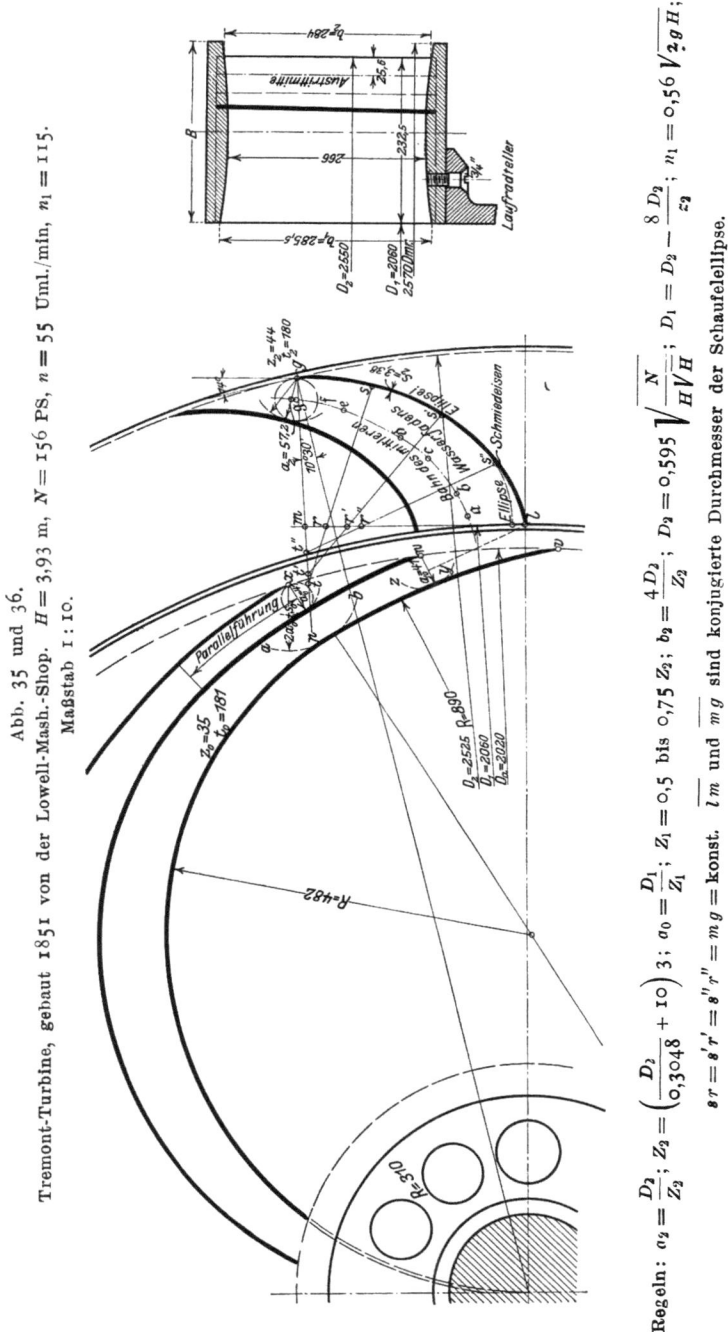

Abb. 35 und 36. Tremont-Turbine, gebaut 1851 von der Lowell-Masch.-Shop. $H = 3{,}93$ m, $N = 156$ PS, $n = 55$ Uml./min, $n_1 = 115$. Maßstab 1 : 10.

Regeln: $a_2 = \dfrac{D_2}{Z_2}$; $Z_2 = \left(\dfrac{D_2}{0{,}3048} + 10\right) 3$; $a_0 = \dfrac{D_1}{Z_1}$; $Z_1 = 0{,}5$ bis $0{,}75\, Z_2$; $b_2 = \dfrac{4 D_2}{Z_2}$; $D_2 = 0{,}595 \sqrt{\dfrac{N}{H \sqrt{H}}}$; $D_1 = D_2 - \dfrac{8 D_2}{Z_2}$; $n_1 = 0{,}56 \sqrt{2gH}$; $8\,t = 8\,t' = 8\,t'' = m\,g = $ konst. $\overline{lm}$ und $\overline{mg}$ sind konjugierte Durchmesser der Schaufelellipse.

Ich habe deshalb noch eine Zentrifugalturbine und eine Zentrifugalpumpe in den Kreis der Untersuchungen gezogen, obwohl bei beiden der bewegliche

Leitapparat und damit die Möglichkeit der Feststellung des absolut besten Wirkungsgrades fehlt.

Als erstes Beispiel wählte ich die Tremont-Turbine, an der Francis 1851 seine berühmten Versuche angestellt hat, die in Lowell Hydraulic Experiments, New York 1868, I. Teil, in mustergültiger Weise beschrieben sind. In Abb. 35 und 36 sind die Zeichnungen von Leit- und Laufrad mit den Konstruktionsregeln nach Tafel III und S. 44 u. f. dortselbst wiedergegeben. Man bemerkt, daß das Leitrad, nicht aber das Laufrad, am Austritt Parallelführung aufweist. Die nach unseren Annahmen für die beste Drehzahl berechneten Wassermengen sind in Abb. 37 aufgetragen.

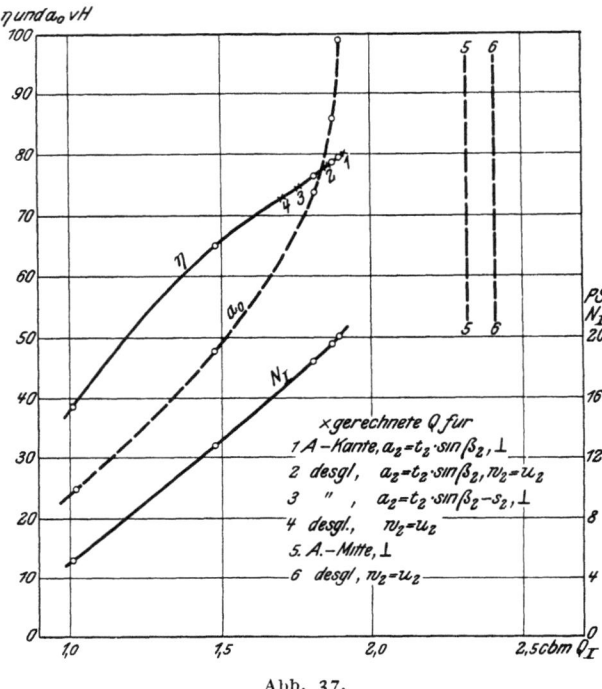

Abb. 37.
Bremskurven der Tremont-Turbine mit den rechnungsmäßig günstigsten Wassermengen

Die Regelung durch Zylinderschütze gestattet nur, die Wassermenge bei ganz geöffnetem Querschnitt in Betracht zu ziehen. Mit ihr stimmt die Berechnung an der Schaufelkante ohne Berücksichtigung der Schaufelstärke nach »*1*« am besten überein.

Die Austrittsmitte (5 und 6), vergl. Abb. 37, gibt infolge der elliptischen Form der Schaufeln viel zu große Werte.

Genau das umgekehrte Bild zeigt die Nachrechnung einer kleinen Zentrifugalpumpe von Gebr. Sulzer, die in Abb. 38 dargestellt ist, und die bei $n = 3000$, $H = 32,5$ für 5 ltr/sk einen Wirkungsgrad von 53 vH, bei 8 ltr/sk von 64 vH und bei 11 ltr/sk von 65,5 vH ergab.

Unter der Annahme senkrechten Wassereintrittes, da vor dem Laufrad kein Leitapparat vorhanden war, wird die Hauptgleichung einfach

$$2g \frac{H}{\varepsilon} = u_2 c_{u2}.$$

Daraus berechnen sich für die Austrittsmitte die ε zu 61, 66 und 68 vH, was mit Berücksichtigung der Wasserverluste, Radscheiben- und Lagerreibung annähernd stimmt, während die Austrittskante mit $\varepsilon = 53$, 55 und 59 vH zu kleine Werte ergibt.

Fassen wir nun das Ergebnis zusammen, das durch den nachfolgenden Abschnitt noch einige Klärung erfahren wird, so kann gesagt werden, daß die Versuche zunächst die theoretischen Erwägungen bestätigt haben, nach denen die maßgebende Austrittsfläche nicht streng mit Mitte oder Kante verknüpft ist. Es hängt vielmehr ganz von der Form der Schaufel ab, wie weit sie die Wasserführung beeinflußt.

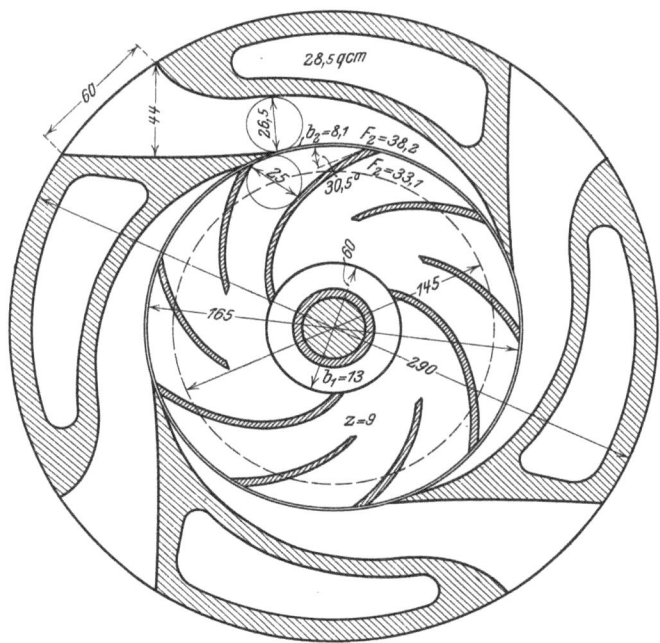

Abb. 38.
Zentrifugalpumpe von Gebr. Sulzer im Besitze der Technischen Hochschule München.

Das zeigen besonders die beiden letzten Beispiele, indem die Schaufel bei dem stark erweiterten Querschnitt der Zentrifugalpumpe schon sehr früh, vielleicht vor der Austrittsmitte, die Führung des austretenden Wasserstrahles verlor, während bei dem zusammengezogenen Querschnitt der Tremont-Turbine der maßgebende Austrittspunkt sogar außerhalb der Austrittskante zu liegen scheint.

Diese Umstände müssen sonach bei der Konstruktion berücksichtigt werden. Für die Rechnungsgrundlage wird es aber zweckmäßig sein, sich für die eine oder andere Annahme zu entscheiden, wobei der Umstand erleichternd mitspricht, daß für die Zentripetalturbinen, wie sich gezeigt hat, die Unterschiede im Rechnungsergebnis mit Austrittskante und Austrittsmitte meist nicht allzu verschieden ausfallen. Eine Zusammenstellung hierüber ist in Zahlentafel 3 angefügt.

Weiter kommt in Betracht, daß die praktische Turbinenberechnung im allgemeinen die genaue Feststellung der Wassermenge gar nicht verlangt, bei der gleichschenkliger oder senkrechter Austritt aus dem Laufrad erfolgt. Viel wichtiger ist die Bestimmung der Wassermenge, der die größte Turbinenöffnung entsprechen soll.

Zahlentafel 3.
Unterschied zwischen den für »Kante« und »Mitte« berechneten Wassermengen.

Bauart		J	Q	H_2	G_1[1])	F_5	F_3
Kante	$Q_\perp$	217	292	256,5	324,25	316	398
	$Q_\triangledown$	188,5	256	228	301,48	276	352
Mitte	$Q_\perp$	218	263	252	270,9	281	362
	$Q_\triangledown$	189,5	229	225	254,25	241	321,5
Differenzen in vH des Kantenwertes	bei $Q_\perp$	− 0,5	+ 11	+ 2	+ 19,5	+ 12,5	+ 10
	bei $Q_\triangledown$	− 0,5	+ 12	+ 1	+ 18,5	+ 14,5	+ 9,5

Bezüglich der Bezeichnungen der hier in Frage kommenden Wassermengen sei auf Abb. 39 hingewiesen, in der die Wirkungsgrade e und Leistungen N einer Turbine, nach Wassermengen geordnet, aufgetragen sind.

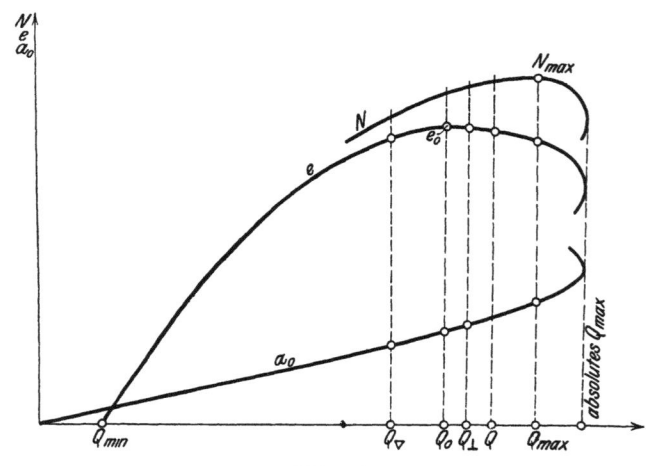

Abb. 39.
Bezeichnungen für Leistung und Wassermenge bei gleichbleibender Umlaufzahl.

Wir unterscheiden dabei neben den bisher besprochenen $Q_\triangledown$ und $Q_\perp$, die mehr theoretische Bedeutung haben und überhaupt nur unter den Annahmen $\varepsilon + \varkappa_2 = $ konst und $\varepsilon = $ konst mit Strenge auftreten, die folgenden Wassermengen, die sich aus der Turbinenbremsung wirklich ergeben. Oeffnet man das Leitrad allmählich, so zeigt sich ein Q_{min} als nötig, um im Leerlauf die gewünschte Umlaufzahl hervorzubringen. Beim Weiteröffnen steigen Wirkungsgrad und Leistung. Da, wo die letztere ihren Größtwert erreicht, liegt sinngemäß die für die fragliche Umlaufzahl größte Turbinenöffnung mit Q_{max}, denn der bei weiterem Oeffnen noch bis zum absoluten Q_{max} gesteigerte Wasserdurchlaß stellt infolge Rückganges der Leistung offenbar eine Wasservergeudung dar. Nach letzterem nimmt bei weiterer Oeffnung des Leitrades die Wassermenge unter starkem Sinken von e und N wieder ab; s. Abb. 39.

Praktisch soll die größte Oeffnung der Turbine auch nicht bis Q_{max} gehen, da in der Nähe des Scheitels der N-Kurve nicht mehr viel Leistung gewonnen wird, während der Wirkungsgrad schon rasch zurückgeht.

---

[1]) Starke Abweichung von der Parallelführung (Evolventen) im Austritt.

Man legt deshalb die rechnungsmäßig größte Wassermenge der Turbine, die wir kurz mit Q bezeichnen, zwischen N_{max} und e_0 (e optimum), und zwar mehr gegen e_0, wenn die Turbinen vorwiegend mit Vollast arbeiten sollen, und umgekehrt. Meist ist das letztere der Fall, und hieraus folgt die besondere Wichtigkeit der Bestimmung von Q_{max}. Wie groß Q_{max} ausfällt, ist eine Frage der Reibungsverluste, demnach von Fall zu Fall verschieden und nur durch Erfahrungswerte zu bestimmen, worüber im nächsten Kapitel Näheres angeführt werden soll. Hier genügt es, festzustellen, daß es praktisch einerlei ist, ob man diese Erfahrungswerte auf ein für die Austrittskante oder für die Austrittsmitte berechnetes $Q_\smile$ oder $Q_\perp$ bezieht.

Es erscheint somit nach dem Vorangegangenen durchaus berechtigt, die Austrittsfläche da zu wählen, wo sie der Rechnung am leichtesten zugänglich ist. Das ist aber entschieden an der Schaufelkante. Sie erscheint zunächst in der Zeichnung und liefert, auch wenn keine Parallelführung vorhanden ist, eindeutige Werte der Querschnitte und Winkel.

Die gleichen Gründe führen in noch höherem Maß dazu, auch die Eintrittsfläche in die Schaufelkante zu legen.

Dazu empfiehlt es sich, im Eintritt bei zugeschärften Schaufeln eine Verengung durch die Schaufeln nicht in Rechnung zu setzen, während im Austritt, wenn nicht starke Zusammenschnürung (Tremont-Turbine) stattfindet, die Schaufelverengung berücksichtigt werden sollte.

III. Die Berechnung des größten Wasserdurchlasses und die Konstruktion des Leitrades.

Nach den Ergebnissen des vorangegangenen Kapitels werde ich im folgenden zur Berechnung des Eintrittquerschnittes die Schaufelkante ohne Rücksicht auf Schaufelverengung, zur Berechnung des Austrittquerschnittes die Schaufelkante mit Berücksichtigung der Verengung durch die Schaufelstärken zugrunde legen.

Die weitere Aufgabe verlangt nun vor allem eine Betrachtung über

1) die Verteilung der Wassermengen im Laufrade bei wechselnder Beaufschlagung.

Wir hatten für senkrechten Wasseraustritt die Annahme gemacht, daß die hydraulischen Wirkungsgrade für jede Teilturbine dieselben sein sollten. Dehnen wir zunächst diese Annahme auch auf andere Beaufschlagungen aus, so kann auch für sie die Wasserverteilung auf die einzelnen Teilturbinen aus den Bremsergebnissen berechnet werden.

Unmittelbar ist das freilich nicht möglich, da die Berechnung der Gesamtwassermenge die Wahl eines vorläufigen Wirkungsgrades voraussetzt, der im allgemeinen mit dem gebremsten nicht übereinstimmt. Ich habe dazu einen zweifach mittelbaren Weg in Dinglers Polytechn. Journal 1904 S. 817 angegeben. Neuerdings ist von Dr.-Ing. O. Böhm eine wesentlich einfachere Rechnung vorgeschlagen worden[1]; Böhm geht davon aus, daß für $\varepsilon =$ konst und bei einer bestimmten Umlaufzahl nach der Gleichung

$$\varepsilon g H = u_1 c_{u1} - u_2 c_{u2}$$

jedem c_{u1} ein bestimmtes c_{u2} zugehört. Er nimmt nun ein beliebiges c_{u1} an, das im Eintritt für alle Teilturbinen das gleiche sein soll, und berechnet sich damit

---
[1] Z. f. d. ges. Turbinenwesen 1912 S. 9. S. auch Reindl, daselbst 1910 S. 277 unter II.

für die verschiedenen u_2 der Teilturbinen im Austritt die verschiedenen c_{u2}, aus denen die w_2 als $w_2 = \frac{u_2 - c_{u2}}{\cos \beta_2}$ und damit die $\Delta Q = w_2 \Delta f_2$ gewonnen werden. Die Gesamtwassermenge Q ergibt sich dann $= \Sigma \Delta Q$, daraus $c_{mI} = \frac{Q}{F_1}$ und somit die Spitze des Eintrittsdreieckes.

Da die gefundene Wassermenge dem eingesetzten ε nicht entsprechen wird, ist die gleiche Berechnung mit gleichem ε für ein anderes c_{u1} zu wiederholen. Man findet eine andere Dreieckspitze und kann nun leicht das Dreieck und die Wassermenge interpolieren, die dem gewählten ε zukommt.

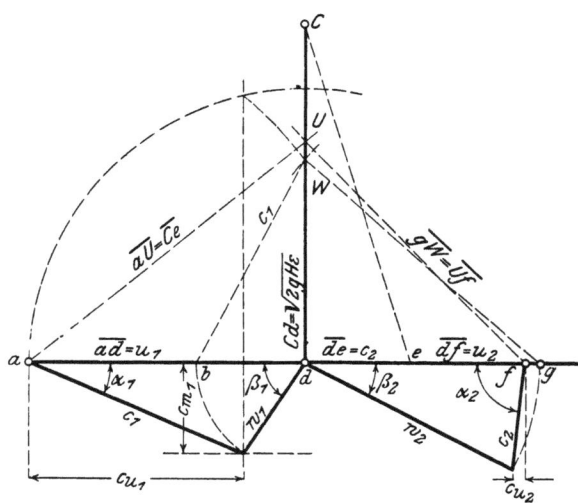

Abb. 40 Geschwindigkeitsdiagramm.

Diese Rechnung ist, wie auch eine Reihe der folgenden, mit den Geschwindigkeitsdiagrammen durchgeführt, die ich seinerzeit in Dinglers Polytechn. Journal 1902 S. 677 veröffentlicht habe. Sie stellen die Hauptgleichung in der im Abschnitt I abgeleiteten Form

$$2gH\varepsilon = c_1^2 - w_1^2 + u_1^2 - c_2^2 + w_2^2 - u_2^2$$

durch eine Reihe rechtwinkliger Dreiecke dar, die in Abb. 40 zweckentsprechend übereinander gelegt sind, wobei $\overline{Ua} = \overline{Ce}$ und $\overline{Wg} = \overline{Uf}$, und deren Richtigkeit nach dem pythagoräischen Lehrsatz sich unmittelbar aus der Abbildung ableiten läßt.

Zu bequemer Handhabung sind das Ein- und Austrittsdreieck unmittelbar angefügt. Die Längen der c_{u1} und c_{u2}, die in der Form

$$\varepsilon g H = u_1 c_{u1} - u_2 c_{u2}$$

der Hauptgleichung eine Rolle spielen, findet man durch Schlagen der Kreise mit c_1 und w_1 bezw. mit c_2 und w_2. Sind diese Größen unbekannt, so kann man mit gleichem Erfolg die Kreise mit $\overline{Wa}$ um a und u_1 um d bezw. mit u_1 um f und dg' um d ziehen; vergl. Abb. 41.

Denn für $w_1 = u_1$ wird nach der Hauptgleichung

$$c_1' = \sqrt{2gH\varepsilon + c_2^2 + u_2^2 - w_2^2} = \overline{W_a},$$

und für $c_1' = u_1$ wird nach Böhm

$$w_1' = \sqrt{2gH\varepsilon + u_2^2 + w_1^2 - c_1^2} = \overline{dg'},$$

wobei $\overline{Wg'} = \overline{Cf}$. Die Anwendung der Diagramme auf ein Bremsergebnis geschieht dann derart, daß man zunächst die gegebenen Größen $\sqrt{2gH\varepsilon}$, u_1, u_2, β_2 und $w_2 = \dfrac{Q}{f_2}$ anträgt. Danach folgen sinngemäß: c_2, $\overline{Ce}$, $\overline{Ua}$, $\overline{Uf}$, $\overline{Wg}$ und $\overline{c_{u1}}$.

Abb. 41. Diagrammanwendung nach Böhm.

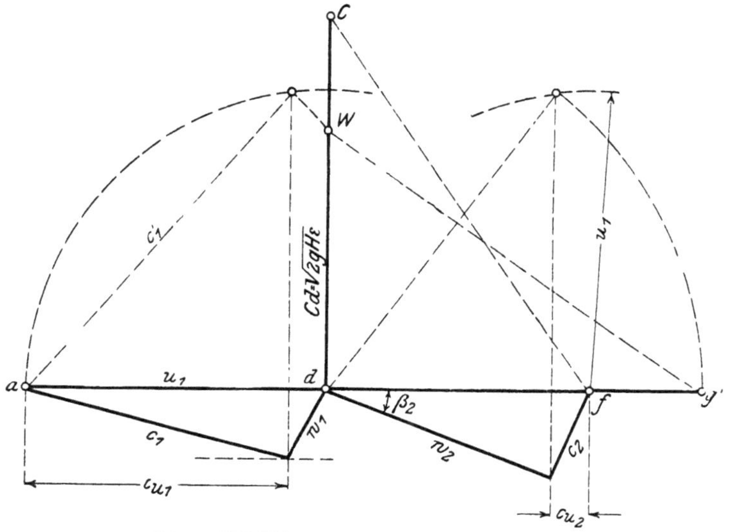

Reihenfolge: $\overline{Cd} = \sqrt{2gH\varepsilon}$; $\overline{ad} = u_1$; $\overline{df} = v_2$; $\overline{c_{u1}}$ mit der Vertikalen, Kreis mit u_1 um d liefert c'_1 und W, $\overline{wg'} = \overline{Cf}$. Kreis mit ug' und u_1 liefert Vertikale durch c_{u2}, damit u_2 und ΔQ.

Rechnet man nach diesem Verfahren eine ausgeführte Bremsung nach, so erhält man etwa das Bild Abb. 42, indem die Austrittsdreiecke der einzelnen Teilturbinen sowie das Eintrittsdreieck für drei verschiedene Beaufschlagungen zu erkennen sind. Abb. 29 gab die zugehörige Wirkungsgradkurve.

Man bemerkt nach der Zeichnung, wie bei kleinen Beaufschlagungen die äußeren Teilturbinen an Bedeutung gewinnen und umgekehrt; daraus darf man

Fig. 42. Diagrammanwendung nach Böhm, Laufrad Q.

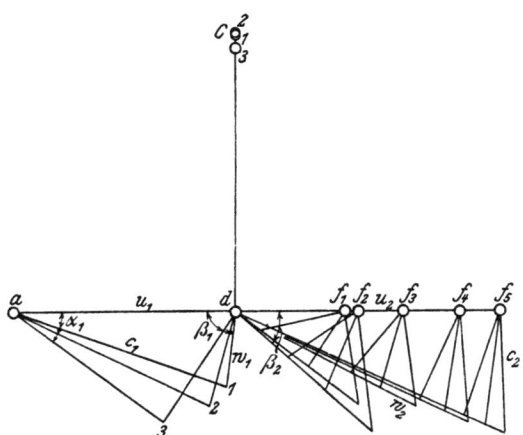

Die Hülfslinien sind weggelassen.

schließen, daß die Annahme gleichen Wirkungsgrades aller Teilturbinen bei verschiedenen Beaufschlagungen der Wirklichkeit nicht entspricht

Während nun die bisherige Anwendung der Diagramme stets unveränderliche Wirkungsgrade zur Voraussetzung hatte, ist es Hrn. Ingenieur Reindl, der die besprochenen Nachrechnungen als mein Privatassistent mit großem Fleiß durchgeführt hat, nach mannigfachen Bemühungen gelungen, ein zeichnerisches Verfahren zu ermitteln, nach dem die für die Reibung wesentlichsten Veränderlichen Berücksichtigung finden; vergl. Z. f. d g. T. 1910 S. 277.

Schreibt man danach die Hauptgleichung mit

$$\varepsilon = 1-\varrho = 1-\varrho_d-\varrho_r-\varrho_s,$$

wobei ϱ_d die spezifische Reibung im Druckbereich, ϱ_s die im Saugbereich und ϱ_r die im Laufrade darstellt, und setzt man letzteres proportional w_2^2, etwa

$$2gH\varrho_r = \nu w_2^2,$$

so folgt:

$$2gH(1-\varrho_d-\varrho_s) = c_1^2-w_1^2+u_1^2-c_2^2+(1+\nu)w_2^2-u_2^2,$$

die alte Form, auf die meine Diagramme ohne weiteres Anwendung finden können, wenn $2gH(1-\varrho_d-\varrho_s)$ statt $2gH\varepsilon$ und $\sqrt{1+\nu}\,w_2 = w_2'$ statt w_2 gesetzt wird.

Die Reibungsverluste in Zu- und Ableitung wurden für die verschiedenen Teilturbinen gleich gesetzt. Man könnte aber leicht auch die verschiedene Mischwirkung im Saugrohr durch Einführen von $\varrho_s = \xi \dfrac{c_2^2}{2gH}$ bezw. $\sqrt{1-\xi}\,c_2 = c_2'$ berücksichtigen. ξ wurde noch von den Längen der einzelnen Teilturbinen linear abhängig gemacht. Es würde auch nicht schwierig sein, einen Wechsel im hydraulischen Radius oder die Schaufelkrümmungen noch schätzungsweise in die Rechnung einzusetzen.

Die Rechnung wird dann folgendermaßen durchgeführt:

1) Schätzen von $\varrho_d + \varrho_s$ bezw. der mittleren $\varrho_r = 1-\varepsilon-\varrho_d-\varrho_s$. Dabei zeigt sich, daß verhältnismäßig große Schätzungsunterschiede auf die Wasserverteilung im Laufrad fast ohne Einfluß sind.

2) Bestimmen des wechselnden ϱ_r durch Einführen einer mittleren Schaufellänge l_m und einer vorläufigen mittleren Geschwindigkeit w_{m2} nach

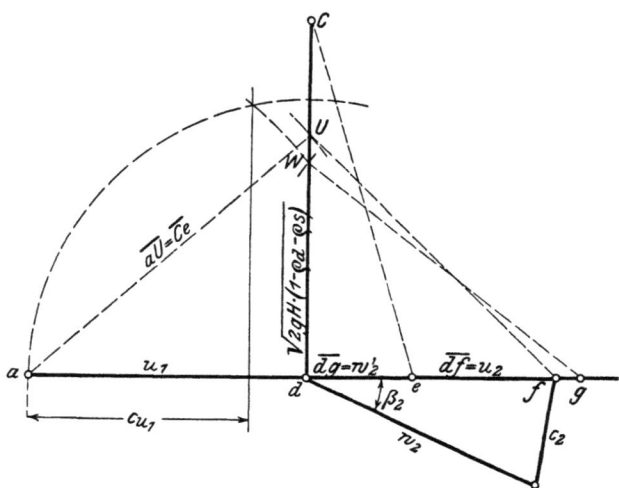

Abb. 43. Diagrammanwendung nach Reindl.

$$\varrho_r = \zeta l w_2{}^2;$$
$$\varrho_{rm} = \zeta l_m w_{m2}{}^2 = 1 - \varepsilon - \varrho_d - \varrho_s,$$
$$\varrho_r = (1 - \varepsilon - \varrho_d - \varrho_s) \frac{l}{l_m} \frac{w_2{}^2}{w_{m2}{}^2}.$$

Dabei wird für l_m das rechnerische Mittel der Längen der Teilturbinen, für w_{m2} die mittlere Geschwindigkeit aus $w_{m2} = \dfrac{Q}{z_2 f_2}$ eingesetzt.

3) Diagrammkonstruktion, Abb. 43, für jede Teilturbine getrennt durchgeführt.

a) Gegeben $\overline{Cd} = \sqrt{2gH(1-\varrho_d-\varrho_s)}$; $\overline{ad} = u_1$; $\overline{df} = u_2$; β_2

b) Annahme von w_2, daraus
$$\sqrt{(1+\nu)} = \sqrt{1 + 2gk(1-\varepsilon-\varrho_d-\varrho_s)\frac{l}{l_m}\frac{1}{w_m{}^2}}.$$

c) Daraus nach den Dreiecksbedingungen (entsprechend dem Diagramm, Abb. 40):
$$\overline{dg} = w_2'; \quad \overline{de} = c_2; \quad \overline{aU} = Ce; \quad \overline{Wg} = \overline{Uf},$$
und mit den erwähnten Kreisbögen u_1 um d, $\overline{aW}$ um a das c_{u1}[1]).

d) Dasselbe, für die gleiche Teilturbine mit anderm w_2 wiederholt, gibt ein anderes c_{u1}.

e) und f) Das Gleiche ergibt für jede andere Teilturbine mit je zwei beliebigen w_2 zwei dazugehörige c_{u1}.

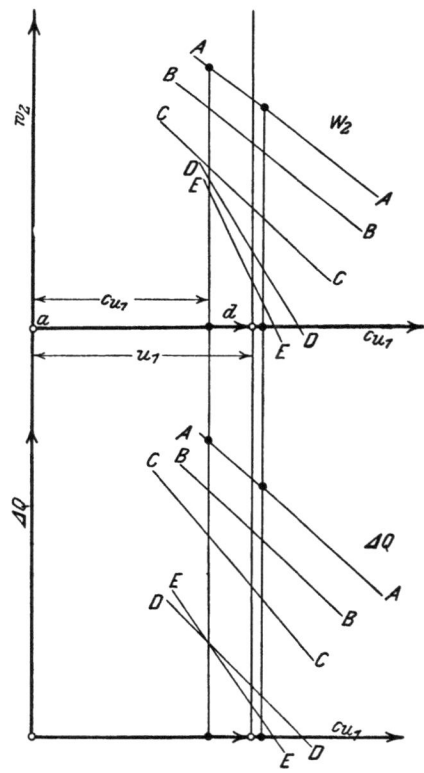

Abb. 44. Zeichnerische Interpolation zur Reindlschen Diagrammanwendung.

---

[1]) Eine zeichnerisch etwas bequemere Lösung durch geänderte Reihenfolge in der Auftragung der Größen bei Reindl s. Z. f. d. g. T. 1910 S. 280.

g) Auftragung der w_2 und der bei verschieden großen $\varDelta f_2$ etwas verschiedenen $\varDelta Q$ über den c_{u1}, Abb. 44, und Addition der zu gleichem c_{u1} gehörigen Wassermengen (letztere sind des Maßstabes wegen nicht eingetragen). Wegen linearen Zusammenhanges läßt sich aus zwei Werten die Abhängigkeit der Q und w_2 von c_{u1} durch Gerade darstellen.

h) Durch Interpolation kann dasjenige c_{u1} bestimmt werden, das zu dem ε der Bremsung und zu dem gewünschten Q gehört.

i) Daraus rückwärts die Austrittsdreiecke, indem aus dem Diagramm unter g) für das richtige (nach h) gefundene c_{u1} die zugehörigen w_2 der einzelnen Teilturbinen abgegriffen werden.

In der genannten Weise wurden die Aus- und Eintrittsdreiecke der sämtlichen betrachteten Turbinen untersucht.

2) Der »mittlere« Austrittsdurchmesser.

Da diese Berechnungen ziemlich viel Zeit in Anspruch nehmen, weil für jede Teilturbine und für jede Wassermenge ein eigenes Diagramm zu zeichnen ist, lag es nahe, für weitergehende Untersuchungen die Austrittsdreiecke der verschiedenen Teilturbinen rückwärts durch das Austrittsdreieck zu ersetzen, das die mittlere Austrittsgeschwindigkeit w_2 enthält und dabei gleichzeitig dem mittleren Eintrittsdreieck nach der Hauptgleichung genügt. Sein u_2 kennzeichnet den für die betreffende Beaufschlagung maßgebenden Austrittsdurchmesser. Letzterer wird mit der Beaufschlagung wechseln; der im betreffenden Austrittspunkt zufällig vorhandene Austrittswinkel im allgemeinen aber dem verlangten mittleren c_2 nicht völlig entsprechen.

Natürlich spart man die Arbeit der oben angeführten Untersuchung nur dann bezüglich der Bestimmung des Eintrittsdreieckes, wenn man den »maßgebenden« Austrittsdurchmesser schon von vornherein annehmen kann. Da hat sich nun gezeigt, daß der Schwerpunktabstand des senkrecht durchflossenen »effektiven« Austrittskantenprofils mit dem gewünschten Austrittshalbmesser ziemlich genau zusammenfällt. Man bestimmt ihn nach der Beziehung
$D_{2s} = \dfrac{\Sigma \varDelta b_2 D_2}{\Sigma \varDelta b_2}$ am einfachsten mit dem Kräfte- und Seileck, Abb. 45 und 46.

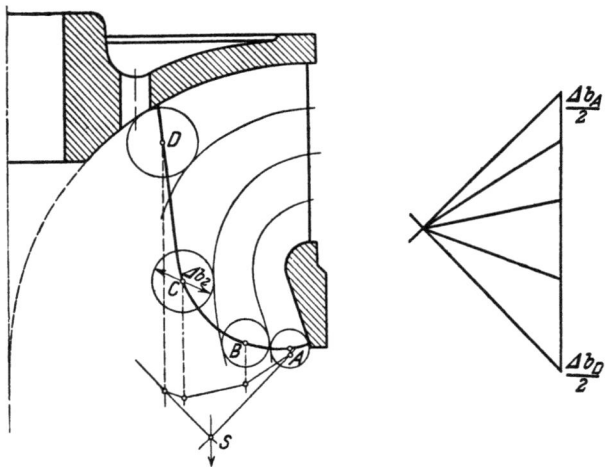

Abb. 45 und 46.
Schwerpunkt des effektiven Austrittskantenprofils.

Abb. 47 zeigt nun, in welcher Weise die Spitzen der Eintrittsdreiecke für drei mit 3, 4 und 5 bezeichnete Beaufschlagungen, z. B. der Q-Turbine, verschieden ausfallen, wenn einmal mit der Annahme unveränderlichen Wirkungsgrades aller Teilturbinen (Böhm), dann mit einem Wechsel der Laufradreibung (Reindl), wie erwähnt, und schließlich mit dem Schwerpunktsdreieck allein gerechnet wird.

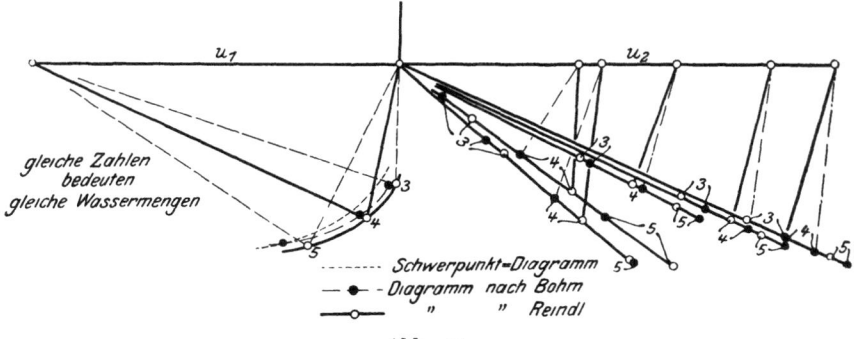

Abb. 47.
Wege der Spitze des Eintrittsdreieckes für Laufrad Q, wenn die Wassermengen
a) mit dem Austrittschwerpunkt, b) aus ΔQ mit $\varepsilon = $ konst, c) aus ΔQ mit veränderlichem ε berechnet werden.

Abb. 48 bis 52 zeigen für dasselbe Rad und dazu für die F_3, X_2, G_1 und J jeweils die Austrittsdreiecke im Schwerpunkt mit den zugehörigen Eintritts-

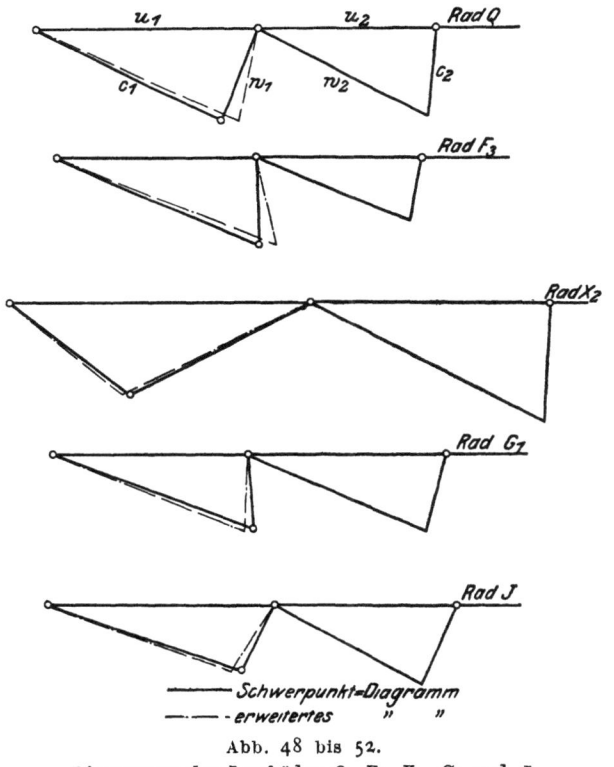

Abb. 48 bis 52.
Diagramme der Laufräder Q, F_3, X_2, G_1 und J.

dreiecken für die beste Wassermenge. Dabei sind die Eintrittsdreiecke gestrichelt eingezeichnet, die sich ergeben, wenn die einzelnen Teilturbinen mit wechselnder Radreibung nach Reindl in Rechnung gesetzt werden. Man bemerkt, daß bei den beiden ersten Rädern die Schwerpunktsrechnung für c_1 etwas zu kleine, bei den beiden letzteren etwas zu große Werte ergibt, während bei X_2 die Uebereinstimmung recht gut ist.

Im Mittel eignet sich der Schwerpunktsabstand der effektiven Austrittskante somit recht gut dazu, die sämtlichen Teilturbinen annähernd zu ersetzen. Mit ihm sind daher auch die folgenden Untersuchungen durchgeführt.

Wenden wir uns danach wieder zur Bestimmung der Wassermenge bei größter Leistung, die mit Q_{max} bezeichnet war, so erkennen wir, daß sie lediglich durch die wachsenden Reibungsverluste begrenzt ist, da sich für unveränderliches ε ein Grenzwert der Wassermenge aus der Hauptgleichung überhaupt nicht berechnen läßt.

Dazu muß es von besonderem Wert sein, die durch Versuche gefundenen Verluste in die Einzelverluste zu zerlegen.

3) Bestimmung der Einzelverluste durch Versuche.

Die Reibungsverluste bei Wasserströmungen oberhalb der kritischen Geschwindigkeit lassen sich in erster Annäherung bei Röhren und Kanälen durch die Formel $R = k \dfrac{LU}{F} c^2$ ausdrücken,

wobei R den Reibungsverlust in m Wassersäule,
k eine Konstante,
L die Länge,
U den benetzten Umfang,
F den Querschnitt des Kanales und
c die mittlere Wassergeschwindigkeit

darstellen.

Auch die bei plötzlichen oder allmählichen Querschnittsänderungen sowie die bei Richtungsänderungen auftretenden Verluste werden erfahrungsgemäß dem Quadrat der mittleren Wassergeschwindigkeit proportional gesetzt.

Betrachten wir nun die in der Turbine auftretenden Wasserströmungen, so haben wir zunächst zwischen den Querschnitten zu unterscheiden, die jederzeit unverändert bleiben, und denen, die mit der Beaufschlagung geändert werden. Zu letzteren gehören bei den gebräuchlichen Zentripetalturbinen nur die Leitradquerschnitte zwischen den Finkschen Drehschaufeln, so daß man versucht ist, in den anderen Querschnitten, z. B. im Laufrad und Saugrohr, die Reibungsverluste einfach dem Quadrat der Beaufschlagung oder einer entsprechenden Geschwindigkeit proportional zu setzen, z. B.

$$R = k_1 c_0^2 + k_2 w_2^2$$

c_0 = Geschwindigkeit im Leitrad.

Eine genauere Beobachtung aber zeigt, daß nur die bis zum Leitradbeginn auftretenden Strömungen der Beaufschlagung proportional sein können, da die absolute Austrittsgeschwindigkeit im allgemeinen nicht in der Achse des Saugrohres liegt.

Ich nahm daher zunächst, wie auch Pfarr und Wagenbach es getan haben, die Umfangskomponente c_{u2} als verloren an und faßte die übrigen Verluste in einen Teil zusammen, der mit dem Quadrat der Leitradgeschwindigkeit c_0, und einen andern Teil, der mit dem Quadrat der Geschwindigkeit im Laufrad

w_2 bezw. der Beaufschlagung proportional war. Dazu kam dann noch ein sogenannter Stoßverlust, der dem Quadrat der Stoßkomponente c_n, Abb. 53, proportional gesetzt wurde.

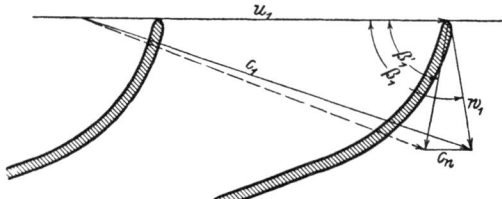

Abb. 53. Stoßkomponente c_n im Eintritt.

So ergab sich der Gesamtverlust, wobei noch die Kanalabmessungen im Leit- und Laufrad eingeführt wurden, zu

$$R = H(1-\varepsilon) = k_0 \frac{l_0 U_0}{f} c_0{}^2 + k_r l_r w_2{}^2 + \frac{c_{u2}{}^2}{2g} + k_n c_n{}^2.$$

Dabei mußte sich in k_r nicht nur der Laufrad-, sondern auch der von der axialen Geschwindigkeit herrührende Saugrohr- und Austrittsverlust zeigen.

Aus einigen Bremsungen mit verschiedenen Leitradöffnungen konnte dann die notwendige Zahl von Gleichungen zur Berechnung der Unbekannten gewonnen werden.

Solche Rechnungen wurden von mir schon vor 6 Jahren ausgeführt. Sie lieferten, ebenso wie die im Winter 1910/11 mit allen nur erdenklichen Kombinationen gemachten Wiederholungen, stets ganz unmögliche Ergebnisse: negative Reibungskoeffizienten u. dergl.

Schließlich ergab sich auf dem Wege reinen Probierens, daß der Koeffizient der Laufradreibung für verschiedene Beaufschlagungen verschiedene Größen annehmen müßte.

Die nachträgliche Erklärung war dann auch leicht gefunden. Man weiß, welche Bedeutung für den Ausfluß aus einer Düse die Zuführung des Wassers zur Düse hat. Beim Eichen von Ausflußdüsen fand ich den Durchflußverlust vervielfacht, wenn das Wasser mit einem Wirbel in die Düse eingetreten war. Es ist dies eine Tatsache, die bei der Wassermessung durch Ausflußdüsen sorgsamste Beachtung verlangt.

Bei der Turbine liegt die Sache in entsprechender Weise so, daß der Durchflußkoeffizient des Laufrades in weiten Grenzen von den Eintrittsbedingungen des Wassers in das Laufrad abhängt.

Die Wirkung des »nicht stoßfreien« Eintrittes äußert sich demnach nicht in einem Stoßverlust, der, wie ich schon öfters zu betonen Gelegenheit hatte[1]), physikalisch gar nicht konstruiert werden kann, sondern in einem »Umlenkungsverlust«[2]), der durch die Einschnürung mit nachfolgender Wirbelbildung hervorgerufen wird. Es zeigte sich auch, daß dieser Umlenkungsverlust dem Quadrat der Durchflußgeschwindigkeit, d. h. mit $w_2{}^2$, ziemlich proportional ist. Je nach den Eintrittsverhältnissen und der Schaufelform kann er viel größer oder viel kleiner ausfallen als der für den in Wirklichkeit nicht vorhandenen, sogenannten Stoßverlust angesetzte Wert $\frac{c_n{}^2}{2g}$.

---

[1]) Dingl. pol. Journ. 1902 S. 677, auch v. Grünebaum, ebenda 1906 S. 640.
[2]) Z. f. d. ges. Turbinenwesen 1910 S. 278 Fußnote.

Nach dieser Erkenntnis ergibt sich der Rechnungsgang folgendermaßen, wobei von den Gesamtverlusten zunächst die abgezogen wurden, die nicht zu Lauf- und Leitrad gehören.

a) Abzug von 1 vH bis 3 vH für mechanische und Undichtigkeitsverluste, woraus $\varepsilon = e + 0{,}01$ bis $e + 0{,}03$.

b) Da die Turbinen offen eingebaut waren, kommt ein Verlust in der Zuleitung nicht in Frage. Ebenso kann die Wassergeschwindigkeit im Untergraben $c_a = 0$ gesetzt werden.

c) Als Austrittsverlust wurde nach Obigem $\frac{c_{u2}^2}{2g}$ sowie die Austrittsenergie aus dem Saugrohr mit $\frac{c_4^2}{2g}$ eingesetzt.

d) Die Reibung im Saugrohr wurde nach üblichen Koeffizienten mit $0{,}02 \frac{l_s}{D_s} \frac{c_{m3}^2}{2g}$ berücksichtigt, während der Verlust durch fehlenden Rückgewinn des Verzögerungsdruckes $\frac{c_{m2}^2 - c_4^2}{2g}$ der Einfachheit halber zum Laufradverlust gerechnet wurde.

Danach ergeben sich die übrig gebliebenen Verluste zu
$$\left(1 - \varepsilon - \frac{c_{u2}^2}{2g} - \frac{c_4^2}{2g} - 0{,}02 \frac{l_s}{D_s} \frac{c_{m2}^2}{2g}\right) = K_1 c_0^2 + K_2 w_2^2 = V.$$

e) Die Größe K_1 ist nun infolge der wechselnden Leitradöffnungen auch nicht völlig unveränderlich. Das kann aber genügend berücksichtigt werden, wenn wir die jeweiligen Abmessungen der Leitkanäle einführen und schreiben:
$$K_1 c_0^2 = k_0 \frac{l_0 U_0}{f_0} \frac{c_0^2}{2g},$$
wobei dann $K_0 = $ konst gesetzt werden darf.

f) Die Aufgabe, aus den Gleichungen
$$k_0 \frac{l_0 U_0}{f_0} \frac{c_0^2}{2g} + K_2 w_2^2 = V$$
K_0 und K_2 zu bestimmen, wenn K_2 beliebig veränderlich ist, wäre nicht lösbar. Nimmt man aber an, daß K_2 eine Funktion der Eintrittsverhältnisse, z. B. der erwähnten Stoßkomponente c_n in dem Sinn ist, daß sich für gleiche c_n bei gleichem Laufrade gleiche K_2 einstellen, so folgt
$$k_0 \frac{l_0 U_0}{f_0} \frac{c_0^2}{2g} + f(c_n) w_2^2 = V.$$

Zur Bestimmung von $f(c_n)$ kann man $f(c_n)$ nach einer Exponentialreihe entwickeln:
$$f(c_n) = K' + K'' c_n + K''' c_n^2 + \ldots,$$
wodurch die Gleichung um die entsprechende Zahl von Unbekannten vermehrt wird.

Die praktische Durchrechnung mit Hülfe von ebenso vielen Versuchspunkten hatte das eigentümliche Ergebnis, daß die Funktion unstetig verläuft, indem da, wo durch c_n die Gesamtumlenkung des Wassers vermehrt wird, d. h. im allgemeinen für $\beta_1 > \beta_1'$, Abb. 54, annähernd
$$f(c_n) = K' + K''' c_n^2$$
gesetzt werden kann, während sie im entgegengesetzten Falle, Abb. 55, fast unveränderlich wird:
$$f(c_n) = K'.$$

Das ist auch nach den Abbildungen leicht erklärlich, da im ersten Fall eine Einschnürung mit nachfolgender Wirbelbildung im Laufrad auftritt, die im zweiten Fall nicht oder doch nur in viel kleinerem Maße vorhanden ist.

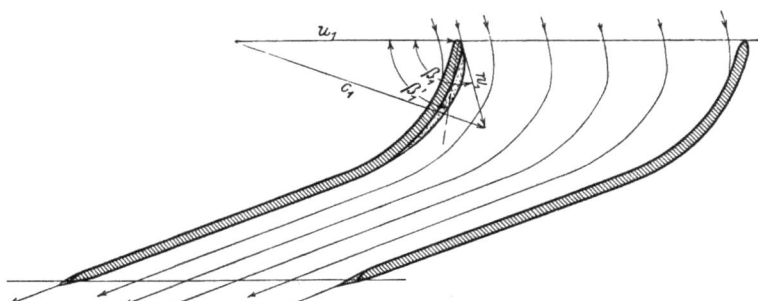

Abb. 54. Umlenkung bei zu niedriger Umlaufzahl $\beta_1 > \beta_1'$.

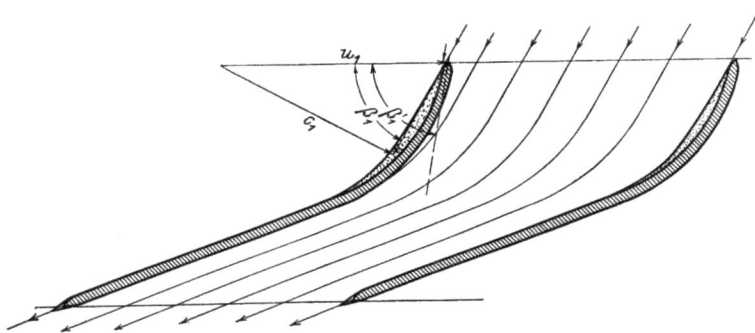

Abb. 55. Umlenkung bei zu hoher Umlaufzahl $\beta_1 < \beta_1'$.

K' ist dann einfach die Laufradreibung für umlenkungsfreien Eintritt, für den ich die Bezeichnung »glatter Eintritt« vorschlage, die sonach durch eine sogenannte Stoßkomponente auf den Schaufelrücken keine wesentliche Aenderung erfährt, und wir schreiben

$$V = k_0 \frac{l_0 U_0}{f_0} \frac{c_0^2}{2g} + \left(k_r l_r \frac{U_2}{f_2} + k_n \frac{c_n^2}{2g}\right) \frac{w_2^2}{2g},$$

wobei k_0 die Reibungszahl im Leitrade,
k_r » » » Laufrade für glatten Eintritt bedeutet, während
k_n die Umlenkungsverluste berücksichtigt.

Abb. 56 zeigt $f(c_n)$ in Abhängigkeit von c_n für die Räder F_3, F_5 und X_2. Bei letzterem ergab sich durch die umgekehrte Schaufelkrümmung $K_2 = f(c_n)$, wachsend mit $(\beta_1 < \beta_1')$. Die Kurve wäre daher richtiger als Spiegelbild eingetragen.

Diese Erkenntnis von der Veränderlichkeit des Verlustkoeffizienten K_2 gab nun den Schlüssel zur Bestimmung der Verlustkoeffizienten aus den Bremskurven. Daß es aber auch jetzt noch, besonders bei ungewöhnlichen Turbinenkonstruktionen viele Schwierigkeiten zu überwinden gab und gibt, ist nur zu begreiflich, wenn man bedenkt, daß z. B. Räder mit Wasserverzögerung gelegentlich labile Zustände aufweisen, die durch geringfügige Aenderungen der Bauart wesentliche Veränderungen erfahren können. Bei solchen Rädern wird eine Vorausberechnung des Wirkungsgrades immer unsicher bleiben[1]).

Für die Auswahl der in die Rechnung einzusetzenden Versuchspunkte ist zu beachten, daß infolge der Unstetigkeit von $f(c_n)$ im Beaufschlagungsbereiche der Turbinen verschiedene Abschnitte unterschieden werden müssen:

1) die Beaufschlagung von Voll bis zum umlenkungsfreien Eintritte. Hier kann k_n im allgemeinen gleich null gesetzt werden. Die Konstanten k_0 und k_r lassen sich dann aus 2 Versuchspunkten durch 2 Gleichungen mit 2 Unbekannten bestimmen.

2) Die Beaufschlagung abwärts bis an die Grenze, wo infolge der ungleichen Wasserförderung der einzelnen Teilturbinen bei der innersten Wasserstraße Verzögerung eintritt. In diesem Bereiche tritt im allgemeinen k_n nach obiger Beziehung in die Rechnung ein, und man braucht 3 Gleichungen mit 3 Unbekannten.

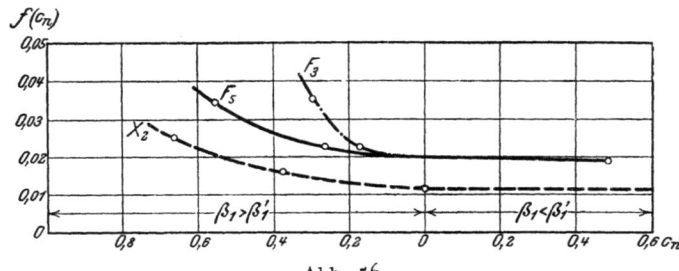

Abb. 56.

Reibungszahl $f(c_n)$ für das Laufrad in Abhängigkeit von den Umlenkungskomponenten c_n
(c_n für 1 m Gefälle).

3) Bei den noch kleineren Beaufschlagungen schließlich, wo die Wasserverzögerung in den innersten Teilturbinen vermutlich zuletzt in eine pumpende Rückwärtsströmung übergeht, versagt die Rechnung.

Solche Nachrechnung der Verluste wurde für sämtliche genannten Räder durchgeführt und während der Drucklegung noch weiter ausgedehnt. Diese Rechnungen, die Monate in Anspruch nahmen, sind des Raumes wegen hier nicht angeführt. Ich möchte nur an einem Beispiele für Laufrad F_3, Abb. 17, S. 17, zeigen, wie die auf Grund der gefundenen Koeffizienten durchgeführte Nachrechnung mit der wirklichen Bremskurve übereinstimmt. Die Konstanten hatten sich ergeben zu:

$$k_0 = 0{,}0072$$
$$k_r = 0{,}0161$$
$$k_n = 64{,}3.$$

Abb. 57 zeigt das Diagramm mit den Größen c_0, c_n, w_2, c_{m2} und c_{u2} für 4 Beaufschlagungen. Ihre Zusammenstellung gibt Zahlentafel 4, während die Verlustausrechnung für die Gewicht- und Gefälleeinheit in Zahlentafel 5 angeführt ist. Die maßstäbliche Auftragung der Verluste in Abb. 58 zeigt die gute Uebereinstimmung mit der Bremskurve.

Hierzu ist zu bemerken, daß zur genauen Bestimmung von k_0 die im Leitradaustritt auftretende Größe c_0 verlangt ist, während k_n mit dem im Laufradeintritte stattfindenden Wert c_1 gebildet wird. Letzterer folgt aus dem Dia-

---

[1]) Räder mit unsicherer Wasserführung (Verzögerung) zeigten, obschon nach gleichem Schaufelklotz ausgeführt, gelegentlich um mehr als 10 vH verschiedene Wirkungsgrade.

gramm. Dann kann c_0 aus c_1 nach der im letzten Abschnitte 5 angeführten Rechnungsweise bestimmt werden. Dem so gefundenen Werte von c_0 steht nun der gegenüber, der aus der Leitradöffnung des Versuches unmittelbar gemessen wird. Häufig sind die beiden unter sich und von c_1 wenig verschieden, wie z. B. bei Laufrad F_3, Abb. 57. Gelegentlich erscheinen aber auch Unterschiede,

Abb. 57. Diagramm zur Verlustberechnung (F_3).

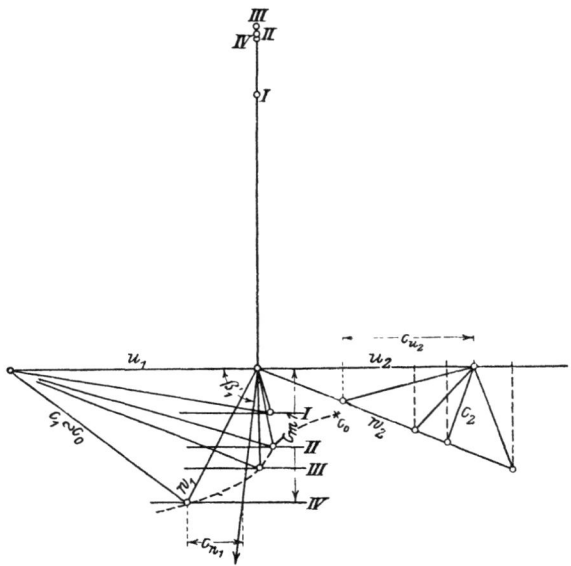

Die Hulfslinien sind weggelassen.

Zahlentafel 4.

	I	II	III	IV
Q_I	98,5	183	218	296
e	0,533	0,78	0,827	0,767
c_{m1}	0,522	0,92	1,155	1,56
w_2	1,07	1,995	2,40	3,23
w_2^2	1,145	3,97	5,76	10,40
$c_1 \infty c_0$ . .	3,14	3,25	3,18	2,61
c_1^2	9,80	10,60	10,15	6,80
$\dfrac{c_{u2}^2}{2gH}$ . . .	0,122	0,024	0,005	0,073

Zahlentafel 5. Laufrad F_3.

in den Punkten		I	II	III	IV
1) Leitradverlust = ϱ_0 . .	$k_0 \dfrac{l_0 U_0}{f_0} \dfrac{c_0^2}{2gH}$	0,145	0,0455	0,0358	0,0155
2) Laufradverlust = $\varrho_r + \varrho_n$	$\left(k_r \dfrac{l_r U_2}{f_2} + k_n \dfrac{c_n^2}{w_2^2}\right) \dfrac{w_2^2}{2gH}$	0,0216 + 0,165	0,0735 + 0,055	0,1067 + 0	0,1925 + 0
3) Austrittsverlust . . .	$\dfrac{c_{u2}^2}{2gH} + \dfrac{c_4^2}{2gH}$	0,122 + 0,0037	0,024 + 0,0108	0,005 + 0,0176	0,011 + 0,027
4) Saugrohrverlust = ϱ_s .	$0,02 \dfrac{l_s}{D_s} \dfrac{c_{m3}^2}{2gH}$	0,00112	0,0039	0,0055	0,0102
Gesamtverlust	$(1-\varepsilon) = \Sigma$ (1 bis 4)	0,4584	0,2127	0,1706	0,2562

die im regelmäßigen Rechnungsgang nicht behoben werden können. Das trifft z. B. für das mit dem außergewöhnlich kleinen Eintrittswinkel ($\beta_1' = 25°$) ausgestattete Laufrad X_2 zu. Dafür zeigt Abb. 59 vier verschiedene Kurven als Wege der Spitzen des Eintrittsdreieckes, wobei:

1) Weg für die Diagrammwerte c_1;
2) Weg für die aus ihnen in dem Leitradaustritt berechneten Werte c_0;
3) Weg für die aus den bei der Bremsung vorhandenen Leitradöffnungen f_0 entnommenen $c_0 = \dfrac{Q}{z_0 f_0}$;
4) Weg für die hieraus berechneten c_1.

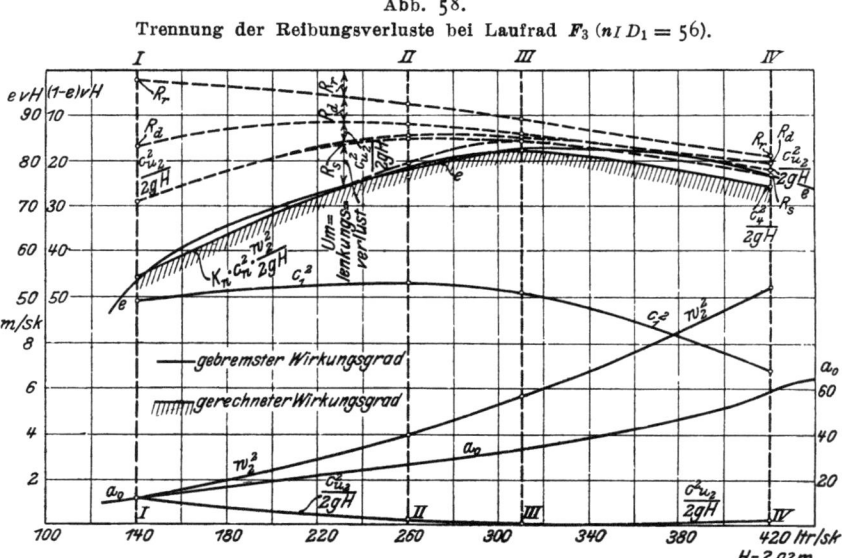

Abb. 58.
Trennung der Reibungsverluste bei Laufrad F_3 ($n_I D_1 = 56$).

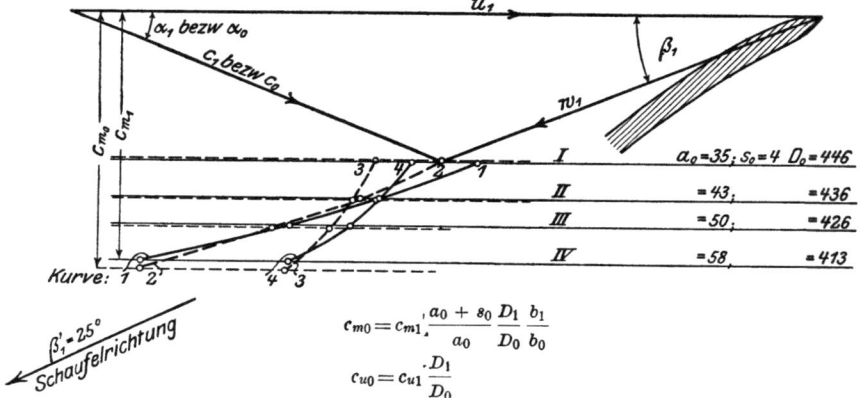

Abb. 59.
Eintrittsgeschwindigkeitsdreieck für Laufrad X_2. Die Konstruktionslinien sind weggelassen.

Dabei ist die Umrechnung unter der Annahme geschehen, daß das Wasser sich beim Eintritt ins Laufrad wieder vereinigt hat.

Man bemerkt, daß die Diagrammwerte bei kleinen Beaufschlagungen wesentlich größer, bei großen wesentlich kleiner ausfallen, als die aus den Leitradöffnungen ermittelten Größen c_0, die auffallend gleich bleiben. Es ist dies ein Ergebnis, das, wenn auch meistens in viel geringerem Grade, bei vielen Rädern stattfindet (vergl. Abb. 57, 60 und 61).

Das erstere, d. h. der größere Diagrammwert, findet leicht eine teilweise Erklärung darin, daß bei kleinen Beaufschlagungen infolge der geringeren Wasserförderung der innersten Teilturbinen eine ungleiche Wassergeschwindigkeit auch schon im Leitrade herrscht, so daß die kinetische Energie bezw. das mittlere Quadrat der Geschwindigkeiten, aus dem c_1 berechnet wird, größer ausfallen muß, als das Quadrat der mittleren Geschwindigkeit c_0, die sich aus dem Leitradquerschnitt ergibt.

Bei großen Beaufschlagungen rückt aber, besonders bei Rädern mit kleinen Eintrittswinkeln β_1', der maßgebende Eintrittspunkt vielleicht etwas ins Innere des Rades, wo sich dann auch das c_1 (vergl. die Nachrechnung an der Pumpe, Abb. 38, S. 27) in richtiger Größe aus dem Diagramm konstruieren läßt.

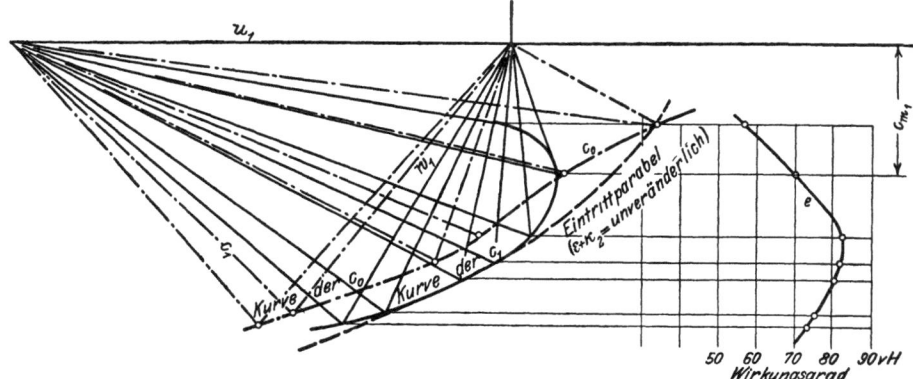

Abb. 60. Eintrittsgeschwindigkeitsdreiecke für Laufrad F_3.

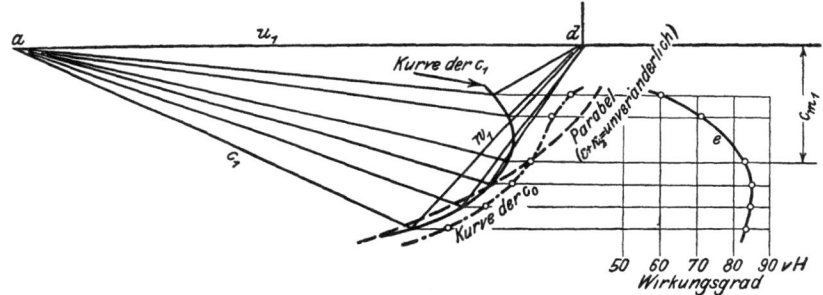

Abb. 61. Eintrittsgeschwindigkeitsdreiecke für Laufrad J.

Schließlich finden wir bei ganz kleinen Beaufschlagungen eigentümlicherweise durchweg eine nicht unbedeutende Vergrößerung der aus der Leitradöffnung berechneten c_0 gegenüber den aus dem Diagramm bestimmten Werten. Dies findet durch Versuche über die Druckverteilung in Leiträdern eine Erklärung, die ich gelegentlich der Drehmomentbestimmung ausgeführt habe[1]. Aus ihnen läßt sich eine starke Diffusorwirkung mit anschließendem Druckrückgewinn bei sehr kleinen Leitradöffnungen deutlich nachweisen.

Es wird danach wohl am richtigsten sein, die Nachrechnung mit dem aus dem Leitrad unmittelbar gewonnenen Werte c_0 bezw. dem hieraus mit c_1 berechneten c_n durchzuführen.

---

[1] Z. d. V. d. I. 1911, S. 2007.

— 44 —

Eine solche Nachrechnung mittels der in Zahlentafel 6 zusammengestellten Diagrammwerte hat für X_2 die Konstanten

$$k_0 = 0{,}00783$$
$$k_r = 0{,}0148$$
$$k_n = 34$$

ergeben, und die Zusammenstellung in Zahlentafel 7 und in Abb. 62 zeigt gute Uebereinstimmung mit der Bremskurve.

Zahlentafel 6. Laufrad X_2.

	I	II	III	IV
QI	182	225	260	305
e	0,66	0,715	0,745	0,635
c_{m1}	0,894	1,105	1,29	1,50
w_2	3,11	3,83	4,42	5,33
w_2^2	9,65	14,60	19,60	28,30
c_0	2,03	2,03	2,03	2,03
c_0^2	4,10	4,10	4,10	4,10
$\dfrac{c_{u2}^2}{2g}$	0,065	0,012	0	0,07

Zahlentafel 7. Laufrad X_2.

in den Punkten		I	II	III	IV
1) Leitradverlust $= \varrho_0$	$k_0 \dfrac{l_0 U_0}{f_0} \dfrac{c_0^2}{2gH}$	0,0163	0,0137	0,0121	0,0106
2) Laufradverlust $= \varrho_r + \varrho_n$	$\left(k_r \dfrac{l_r U_2}{f_2} + k_n \dfrac{c_n^2}{2gH}\right)\dfrac{u_2^2}{2gH}$	0,099 + 0,157	0,15 + 0,075	0,202 + 0	0,29 + 0
3) Austrittsverlust	$\dfrac{c_{u2}^2}{2gH} + \dfrac{c_1^2}{2gH}$	0,065 + 0,015	0,012 + 0,024	0 + 0,0313	0,038 + 0,043
4) Saugrohrverlust $= \varrho_s$	$0{,}02 \dfrac{l_s}{D_s} \dfrac{c_{m3}^2}{2gH}$	0,0006	0,001	0,0013	0,0018
Gesamtverlust	$(1 - \varepsilon) = \Sigma (1 \text{ bis } 4)$	0,373	0,275	0,247	0,383

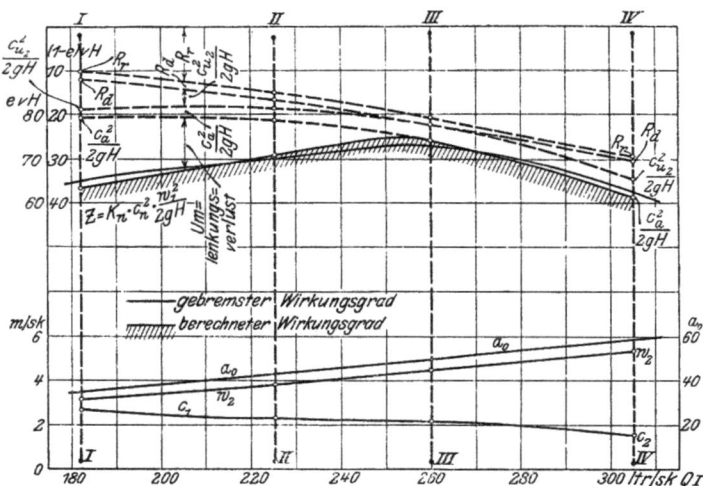

Abb. 62. Trennung der Reibungsverluste bei Laufrad X_2.

Die Koeffizienten für die anderen Räder sind einschließlich eines mit A bezeichneten, dem X_2 verwandten Laufrades geringerer Schnelläufigkeit ($n_s = 260$) in Zahlentafel 8 zusammengestellt.

Für Neuberechnungen sind freilich die erwähnten Unterschiede zwischen den Diagramm- und den Leitradwerten nicht gut vorauszubestimmen. Man muß sich daher an erstere halten, und ich führe deshalb noch für einige Räder, bei denen diese Unterschiede bemerkenswert sind, in Zahlentafel 8 die aus dem Diagramm unmittelbar berechneten Verlustkoeffizienten eingeklammert bei. Ihre große Verschiedenheit, insbesondere für k_r zeigt deutlich die Schwierigkeit und Unsicherheit dieser Rechnungen.

Zahlentafel 8.

	bei Laufrad						
	I	F_3	F_5	G_1	Q	A	X_2
$k_0 =$	0,0086	0,0072	0,0087	0,0078	0,008	0,027 (0,012)	0,0078 (0,024)
$k_r =$	0,0139	0,0161	0,0154	0,0159	0,0147	0,008 (0,012)	0,0148 (0,012)
$k_n =$	60	64	59	53	100	— —	34 —

4) **Die Berechnung der Vollbelastung**
gelingt nun, wenn es möglich ist, aus den genannten Verlustberechnungen die Abnahme des Wirkungsgrades und damit den größten Wasserdurchlaß auch für eine Neukonstruktion zu bestimmen.

Die Verschiedenheit der in Zahlentafel 8 zusammengestellten Versuchskoeffizienten scheint zum Teil eine Folge der Schaufelkrümmung zu sein. So zeigt z. B. die zunehmende Krümmung des Schaufelprofiles für die J, X_2, F_3, F_5 und G_1 eine erklärliche Steigerung von k_r, Abb. 63. Ich habe diese

Abb. 63. Abhängigkeit der Laufradverluste k_r von der Profilkrümmung r/a.

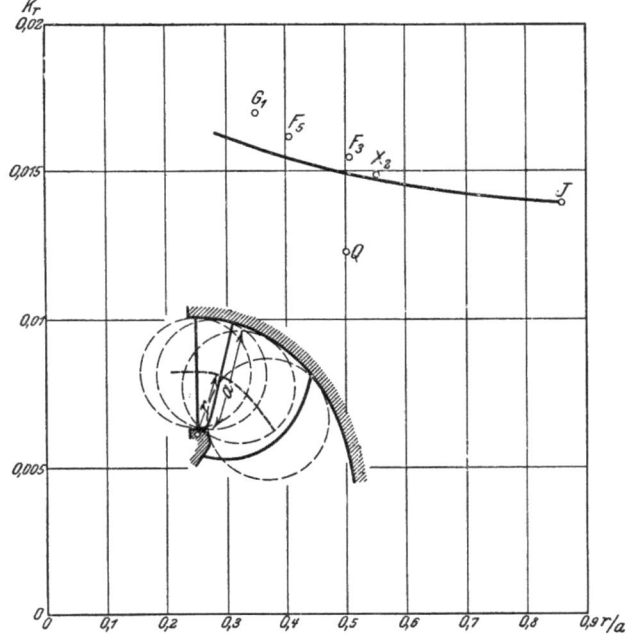

$r =$ Krümmungshalbmesser des mittleren Wasserfadens.
$a =$ Breite in der Niveaufläche.

Krümmungen, die ja in der verschiedensten Richtung auftreten, nicht weiter verfolgt, da sie mathematisch schwer festzulegen sind.

k_n zeigt allerdings noch größere Veränderlichkeit; aber, wie wir gesehen haben, gilt dieser Wert in der Regel nur für Beaufschlagungen unterhalb des »glatten« Eintritts, während für höhere Beaufschlagungen fast durchweg k_n = null gesetzt werden kann. Eine Ausnahme machten bei unseren Untersuchungen nur die rückwärts gekrümmten Schaufeln des Rades X_2.

Mit den für die betreffende Turbinengattung gefundenen Mittelwerten läßt sich dann für wachsende Wassermenge das R_r berechnen, $\frac{c_{u2}^2}{2g}$ folgt aus dem Austrittsdreieck, c_4 und R_s aus den Abmessungen des Saugrohres. Für R_0, das sich erst nach Kenntnis der tatsächlich auftretenden Leitradöffnung a_0 bezw. des zugehörigen c_0 ergibt, muß ein vorläufiger Wert von c_0 aus c_1 berechnet werden.

Aus der Summe der Verluste folgt der hydraulische und dann der mechanische Wirkungsgrad. Sein Produkt mit der Wassermenge zeigt die Leistung. Ihr Höchstwert, der am einfachsten, Abb. 39, S. 28, durch punktweise Berechnung der N-Kurve zeichnerisch bestimmt wird, gibt die praktisch größte Wassermenge an, die wir mit Q_{max} bezeichnet hatten.

Meist empfiehlt es sich, die Laufräder nicht bis zu dieser äußersten Grenze auszunutzen, sondern für Vollbelastung nur eine gewisse Abnahme des Wirkungsgrades zuzulassen, schon um sicher zu sein, daß das Rad die verlangte Leistung tatsächlich erreichen kann.

Eine derartige Bestimmung ist für Laufrad Q mit den für diese Turbinengattung zutreffenden Mittelwerten durchgeführt. Der Gang einer solchen Vorausberechnung ist folgender:

a) Für die Wassermenge, bei welcher »Winkelübereinstimmung«[1]) oder »glatter Eintritt« herrscht, wofür also das Rad entworfen ist (Senkrechte III in

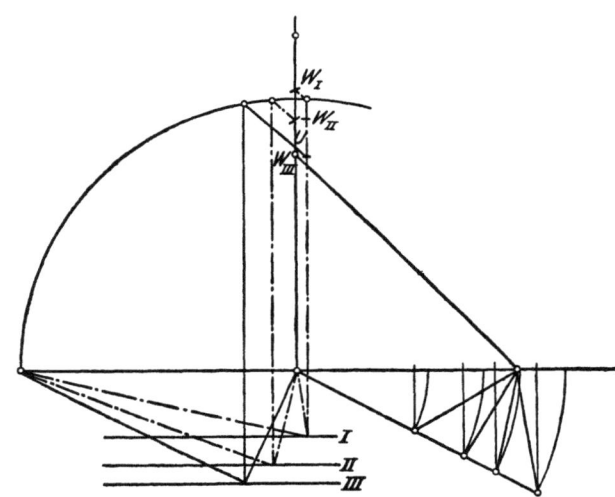

Abb. 64. Diagramme zur Zahlentafel 9.
Laufrad Q mit Beaufschlagungen I bis III; letztere entspricht dem mittleren Eintrittswinkel $\beta_1' = 47^0$.

---

[1]) Vorschlag Reindls für »stoßfreien Eintritt«. Zu empfehlen wäre auch die Bezeichnung »umlenkungsfrei«.

Abb. 65), sowie für beliebige andere Wassermengen können die Austrittsdreiecke sofort gezeichnet werden (Diagramm Abb. 64, ausgezogene Linien), und hieraus und aus den Abmessungen sind die $\frac{w_2^2}{2gH}$, $\frac{c_{u2}^2}{2gH}$, $\frac{c_4^2}{2gH}$ und $R_s = 0{,}02 \frac{l_s}{D_s} \frac{c_{m3}^2}{2gH}$ bekannt. Die Eintrittsdreiecke und damit die c_0 und c_n folgen aus der Annahme eines vorläufigen ε, wobei für wechselnde Beaufschlagung genügend genau, vergl. Abb. 60 und 61, $\varepsilon + \varkappa_2 = $ konst gesetzt werden kann.

b) Für die Wassermenge bei Winkelübereinstimmung (Q_0) kann damit die Summe der Verluste mit Mittelwerten von k_0 und k_r (Zahlentafel 9) aufgestellt werden. Ergäbe sich hiermit ein wesentlich anderer Wirkungsgrad e als der angenommene, so wäre die Rechnung mit ihm zu wiederholen und, würde der Entwurf den Anforderungen nicht genügen, so wäre er unter Umständen durch Verkürzung der Schaufeln oder dergl. zu berichtigen.

Zahlentafel 9. Laufrad Q.

Verlustgrößen	Geschwindigkeiten bezw. Teilverluste	I	II	III = Q_0	IV	
Geschwindigkeiten	Q_I	140	200	240	290	310
	c_{m1}	0,765	1,09	1,31	1,57	—
	w_2	1,53	2,19	2,62	3,17	—
	$c_0 = \frac{Q}{f_0 z_0}$	2,30	2,30	2,25	2,12	—
	$\frac{U_0}{f_0}$	100	80	70	57	—
	c_{m3}	0,55	0,785	0,94	1,14	—
	$\frac{c_4^2}{2gH}$	0,009	0,018	0,026	0,038	—
	$\frac{c_{u2}^2}{2gH}$	0,073	0,02	0,005	0,005	—
	$\frac{c_n^2}{2gH}$	(0,23)	(0,05)	—	—	—
1) Leitverlust ϱ_0	$= k_0 l_0 \frac{U_0}{f_0} \frac{c_0^2}{2gH}$	0,012	0,015	0,02	0,015	
2) Laufradverlust ϱ_r	$= \begin{cases} k_r l_r \frac{U_2}{f_2} \frac{w_2^2}{2gH} \\ + k_n \frac{c_n^2}{2gH} \frac{w_2^2}{2gH} \end{cases}$	0,036 (+ 0,138)	0,084 (+ 0,062)	0,12 —	0,176 —	
3) Austrittsverlust	$\begin{cases} \frac{c_4^2}{2gH} \\ + \frac{c_{u2}^2}{2gH} \end{cases}$	0,009 + 0,073	0,018 + 0,02	0,026 + 0,005	0,038 + 0,005	
4) Saugrohrverlust ϱ_s	$= 0{,}0012\, c_{m3}^2$	—		0,001	0,0015	
Gesamtverlust	$\begin{cases} (1-\varepsilon) \\ = \Sigma \text{ (1 bis 4)} \end{cases}$	0,268	0,199	0,172	0,235	—
Wirkungsgrad	ε	0,732	0,801	0,828	0,765	0,74

$k_0 = 0{,}008$; $k_r = 0{,}0147$; $k_n = 100$.

c) Zur Bestimmung des bei größerer Wassermenge als Q_0 auftretenden Punktes höchster Leistung (N_{max}) kommt uns zustatten, daß, wie bemerkt, keine zusätzlichen Umlenkungsverluste mehr für $\beta_1 < \beta_1'$ auftreten. Wir können also für noch 1 oder 2 Punkte (IV in Abb. 65) die zugehörigen Verluste bezw. den hydraulischen Wirkungsgrad ε, daraus den effektiven Wirkungsgrad e finden (Zahlentafel 9) und endlich aus der Beziehung $N = \frac{QH\gamma e}{75} = 13{,}32\ QHe$ die Leistungskurve aufstellen, Abb. 65. Die Abbildung zeigt, daß die mit den Mittelwerten $k_v = 0{,}008, k_r = 0{,}0147$ erhaltenen Ergebnisse den tatsächlichen (gestrichelt eingetragenen) befriedigend nahekommen.

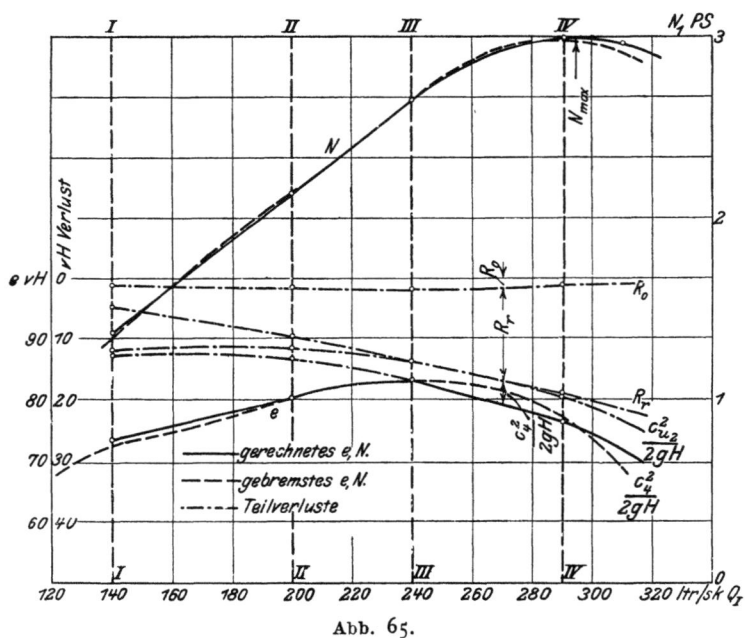

Abb. 65.
Bestimmung der Leistungskurve und der größtmöglichen Beaufschlagung für Laufrad Q.

d) Man kann nun auch noch die Wirkungsgradkurve weiter nach unten fortsetzen. Für Wassermengenpunkte I und II sind nach der (vergl. Abb. 60 und 61) Beziehung $\varepsilon + \varkappa_2 =$ konst die Eintrittsdreiecke gezeichnet, die jetzt zur Bestimmung von c_0 und c_n nötig sind (Diagramm Abb. 64 strichpunktiert).

e) Hieraus folgen mit $k_n = 100$ (wegen der stark gekrümmten Löffelschaufeln dieses Rades) die entsprechenden Verluste in Zahlentafel 9 sowie die Kurve der Leistung N für kleine Wassermengen, Abb. 65. Wirkungsgrad und Leistung stimmen, wie die Abbildung zeigt, mit den gebremsten Werten recht gut überein.

f) Danach ist man in der Lage, Q_{max} und die je nach dem Wechsel der Beaufschlagung zweckmäßig erscheinende Vollbelastung Q zu wählen.

5) Die Berechnung des Leitrades.

Das Leitrad soll das Wasser dem Laufrade mit der der Hauptgleichung entsprechenden Geschwindigkeit c_1 und Richtung α_1 zuführen.

Seine Berechnung baut sich sonach auf diesen beiden Größen auf, die dem Geschwindigkeitsdiagramm entnommen werden können. Aus ihnen müssen dann die im Leitrad auftretenden Richtungen α_0 und Geschwindigkeiten c_0 auf Grund der Spaltverhältnisse und Leitrad-Schaufelstärken bestimmt werden.

Vergleicht man die nach dem Bremsprotokoll im Leitrad aufgetretenen Größen c_0 und α_0 und die nach dem Diagramm ermittelten c_1 und α_1, so zeigt sich in Abb. 60 und 61, daß c_0 manchmal kleiner (z. B. Laufrad F_3) und manchmal größer (z B. Laufrad J) wird als c_1.

Diese Unterschiede liegen aber, abgesehen von den bei X_2 erwähnten besonderen Fällen, in erster Linie in dem Verhältnis der Breiten b_0 und b_1 begründet, die aus $\Sigma \Delta b_0$ und $\Sigma \Delta b_1$ (vergl. z. B. Abb. 66) zu berechnen sind.

Die Flutbahnen drängen in Abb. 66 an der engsten Stelle des Laufrades stark nach außen, da von ihr bis zu dem durch stark wechselnde Relativgeschwindigkeiten ausgezeichneten Austritt nur noch geringe Wasserbeschleunigung auftritt.

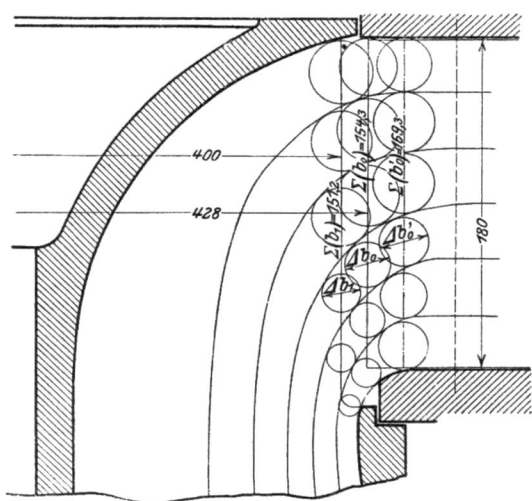

Abb. 66. Veränderung der Eintrittsbreiten bei Laufrad F_3.

Wendet man nunmehr auf die Wasserbewegung im Spalt in bekannter Weise den Flächensatz[1]) an, wobei beachtet wird, daß Arbeit nach außen nicht abgegeben wird, so ergibt sich das Moment der Bewegungsgröße $r c \cos \alpha$ oder
$$c_u r = \text{konst},$$
insbesondere
$$c_{u1} r_1 = c_{u0} r_0.$$

Aus der Kontinuitätsbedingung folgt ferner, Abb. 67,
$$Q = 2 r_1 \pi b_1 c_{m1} = \left(2 r_0 \pi - \frac{z_0 s_0}{\sin \alpha_0}\right) b_0 c_{m0},$$
unter der Annahme, daß im Eintrittspunkt 1 eine Verengung durch die Leitradschaufelstärken s_0 nicht mehr vorhanden ist. Anderenfalls wäre von $2 r_1 \pi$ noch ein entsprechender Betrag abzuziehen.

Durch Vereinigung beider Gleichungen ergibt sich:
$$\frac{c_{u0}}{c_{m0}} = \frac{c_{u1} r_1 \left(2 r_0 \pi - \frac{z_0 s_0}{\sin \alpha_0}\right) b_0}{r_0 c_{m1} 2 r_1 \pi b_1} = \cotg \alpha_0$$
und
$$\cotg \alpha_0 = \cotg \alpha_1 \frac{b_0}{b_1} \left(1 - \frac{z_0 s_0}{2 r_0 \pi \sin \alpha_0}\right).$$

---

[1]) Wagenbach, Beiträge zur Berechnung und Konstruktion der Wasserturbinen, Z. f. d. ges. Turbinenwesen 1907 S. 273.

Danach läßt sich α_0 oder auch analog ein zwischenliegender Winkel aus α_1 berechnen. Dabei genügt es vollkommen, in dem Berichtigungsgliede der Schaufelverengung das unbekannte $\sin \alpha_0$ durch das bekannte $\sin \alpha_1$ zu ersetzen.

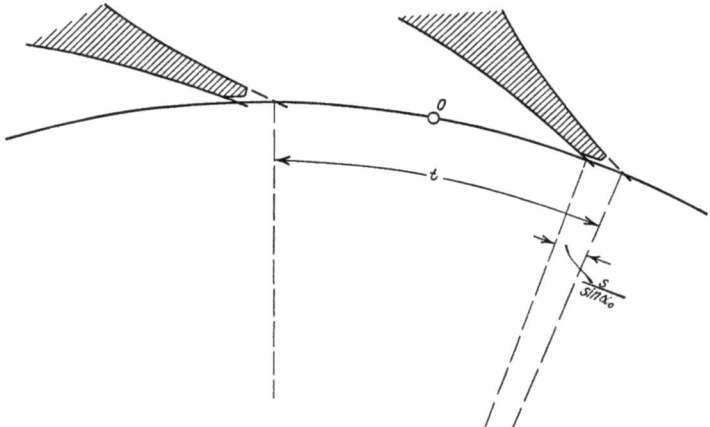

Abb 67. Einfluß der Leitschaufelstärken.

Diese Rechnung ist auf verschiedene Turbinen und verschiedene Leitradöffnungen angewendet worden. Zwei Beispiele sind in Abb. 68 und 69 für die F_5 und J wiedergegeben (auch auf Abb. 59 ist hier zu verweisen).

Dabei sind die Breiten an je 4 Durchmessern bestimmt worden und als b_1, b_0 b_0' bezw. b_0'' unterschieden (Abb. 66 zeigt b_1, b_0 und b_1').

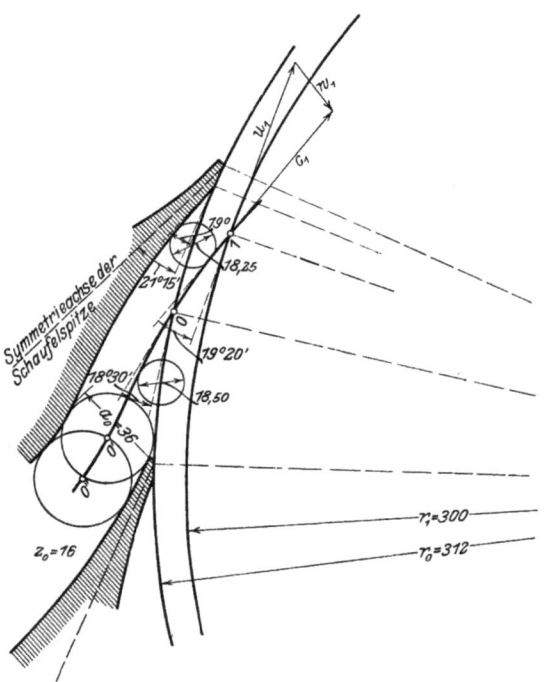

Abb. 68.
Zur Berechnung des Leitschaufelwinkels (Laufrad J).

Es stellte sich heraus, daß jeweils die durch die Schaufelspitze gezogene Mittellinie (Symmetrieachse) sehr gut mit der für Punkt o berechneten Richtung der Wassergeschwindigkeit übereinstimmt.

Man kann sonach die notwendige Stellung der Leitschaufelspitze aufzeichnen, sobald α_1 aus dem Diagramm berechnet ist. Hierzu ist die Kenntnis des hydraulischen Wirkungsgrades notwendig. Zu vorläufiger Rechnung wird er für den glatten Eintritt schätzungsweise angenommen. Seine Aenderung läßt

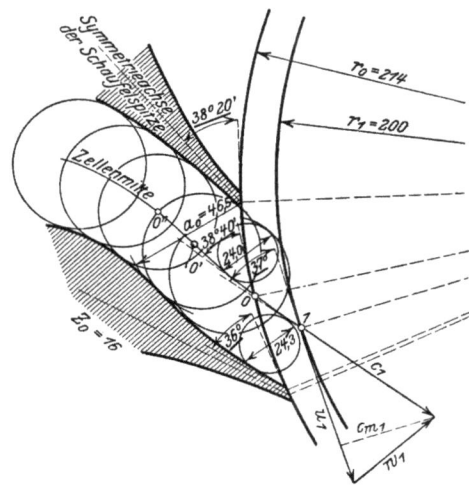

Abb. 69.
Zur Berechnung des Leitschaufelwinkels (Laufrad F_5).

sich mit Rücksicht auf die Gestalt des Eintrittsdreiecks bei vergrößerter Wassermenge dadurch genau genug in Rechnung setzen, daß man $\varepsilon + \varkappa_2 = $ konst annimmt. Das führt, wie bemerkt, darauf, daß Punkt U im Diagramm seine Lage beibehält, Abb. 40, und liefert für den Weg der Spitze des Eintrittsdreiecks eine Parabel, die für größere Wassermengen mit der genaueren Kurve gut übereinstimmt, Abb. 60 und 61.

Zusammenfassung.

Die Wasserströmung, die in wirbelnden Wogen die Turbine pulsierend durchfließt, wird zur Ermöglichung der Rechnung durch eine gleichmäßige Strömung ersetzt gedacht. Die hierin begründeten Ungenauigkeiten rechtfertigen es, an die Stelle der in Wirklichkeit wechselnden und eigenartig geformten Ein- und Austrittsflächen die der Rechnung leicht zugänglichen Querschnitte zu setzen, die auf den die Schaufelkanten umhüllenden Umdrehungsflächen liegen.

Die Nachrechnung mit diesen Flächen zeigt wechselnde, aber im allgemeinen befriedigende Uebereinstimmung mit den Bremsergebnissen, insofern beim Laufradaustritt die Verengung durch die Schaufelstärken von der Austrittsfläche abgezogen wird.

Es folgt eine Betrachtung über die mutmaßliche Verteilung der Wassermengen auf die einzelnen Teilturbinen. Aus ihr wird die Berechtigung abgeleitet, in gewissen Grenzen den Schwerpunkt der effektiven Austrittskante als maßgebenden, mittleren Austrittspunkt in die Rechnung einzusetzen.

Damit wird dann eine Trennung und zahlenmäßige Bestimmung der in der Turbine bei verschiedenen Beaufschlagungen auftretenden Verluste durchgeführt, wobei sich der Koeffizient der Laufradreibung K_2 (S. 38) in hohem Maße von den Eintrittsverhältnissen im Laufrad abhängig erweist, während das Fehlerhafte der Theorie vom Stoßverlust beim Laufradeintritt auch praktisch erwiesen wird.

Die aus Bremsergebnissen der verschiedensten Zentripetalturbinen gewonnenen Koeffizienten werden dazu verwendet, auch für Neukonstruktionen eine angenäherte Vorausberechnung des Wirkungsgrades für wechselnde Beaufschlagung und damit eine Vorausbestimmung der größten Schluckfähigkeit zu ermöglichen.

Zum Schluß wird die Berechnung der Leitschaufelstellung aus den Versuchsergebnissen abgeleitet.

Sonderabdrücke
aus der Zeitschrift des Vereines deutscher Ingenieure,
die in folgende Fachgebiete eingeordnet sind:

1. Bagger.
2. Bergbau (einschl. Förderung und Wasserhaltung).
3. Brücken- und Eisenbau (einschl. Behälter).
4. Dampfkessel (einschl. Feuerungen, Schornsteine, Vorwärmer, Überhitzer).
5. Dampfmaschinen (einschl. Abwärmekraftmaschinen, Lokomobilen).
6. Dampfturbinen.
7. Eisenbahnbetriebsmittel.
8. Eisenbahnen (einschl. Elektrische Bahnen).
9. Eisenhüttenwesen (einschl. Gießerei).
10. Elektrische Krafterzeugung und -verteilung.
11. Elektrotechnik (Theorie, Motoren usw.).
12. Fabrikanlagen und Werkstatteinrichtungen.
13. Faserstoffindustrie.
14. Gebläse (einschl. Kompressoren, Ventilatoren).
15. Gesundheitsingenieurwesen (Heizung, Lüftung, Beleuchtung, Wasserversorgung und Abwässerung).
16. Hebezeuge (einschl. Aufzüge).
17. Kondensations- und Kühlanlagen.
18. Kraftwagen und Kraftboote.
19. Lager- und Ladevorrichtungen (einschl. Bagger).
20. Luftschiffahrt.
21. Maschinenteile.
22. Materialkunde.
23. Mechanik.
24. Metall- und Holzbearbeitung (Werkzeugmaschinen).
25. Pumpen (einschl. Feuerspritzen und Strahlapparate).
26. Schiffs- und Seewesen.
27. Verbrennungskraftmaschinen (einschl. Generatoren).
28. Wasserkraftmaschinen.
29. Wasserbau (einschl. Eisbrecher).
30. Meßgeräte.

Einzelbestellungen auf diese Sonderabdrücke werden gegen Voreinsendung des in der Zeitschrift als Fußnote zur Überschrift des betr. Aufsatzes bekannt gegebenen Betrages ausgeführt.

Vorausbestellungen auf sämtliche Sonderabdrücke der vom Besteller ausgewählten Fachgebiete können in der Weise geschehen, daß ein Betrag von etwa 5 bis 10 M eingesandt wird, bis zu dessen Erschöpfung die in Frage kommenden Aufsätze regelmäßig geliefert werden.

Zeitschriftenschau.

Vierteljahrsausgabe der in der Zeitschrift des Vereines deutscher Ingenieure erschienenen Veröffentlichungen 1898 bis 1910.
Preis bei portofreier Lieferung für den Jahrgang
3,— ℳ für Mitglieder.   10,— ℳ für Nichtmitglieder.

Seit Anfang 1911 werden von der Zeitschriftenschau der einzelnen Hefte einseitig bedruckte gummierte Abzüge angefertigt.
Der Jahrgang kostet
2,— ℳ für Mitglieder.   4,— ℳ für Nichtmitglieder.

Portozuschlag für Lieferung nach dem Ausland 50 Pfg für den Jahrgang. Bestellungen, die nur gegen vorherige Einsendung des Betrages ausgeführt werden, sind an die **Redaktion der Zeitschrift des Vereines deutscher Ingenieure, Berlin NW., Charlottenstraße 43** zu richten.

Mitgliederverzeichnis d. Vereines deutscher Ingenieure.

Preis 3,50 ℳ. Das Verzeichnis enthält die Adressen sämtlicher Mitglieder sowie ausführliche Angaben über die Arbeiten des Vereines.

Bezugsquellen.

Zusammengestellt aus dem Anzeigenteil der Zeitschrift des Vereines deutscher Ingenieure. Das Verzeichnis erscheint zweimal jährlich in einer Auflage von 35 bis 40000 Stück. Es enthält in deutsch, englisch, französisch, italienisch, spanisch und russisch ein alphabetisches und ein nach Fachgruppen geordnetes Adressenverzeichnis.

Das Bezugsquellenverzeichnis wird auf Wunsch kostenlos abgegeben.

If you have any concerns about our products,
you can contact us on
ProductSafety@springernature.com

In case Publisher is established outside the EU,
the EU authorized representative is:
Springer Nature Customer Service Center GmbH
Europaplatz 3, 69115 Heidelberg, Germany

Printed by Libri Plureos GmbH
in Hamburg, Germany